DEUTSCHE SPORTWAGEN

Die schönsten Modelle seit 1945

Roland Löwisch / Joachim Hack

HEEL Verlag GmbH
Gut Pottscheidt
53639 Königswinter
Telefon 02223 9230-0
Telefax 02223 923013
info@heel-verlag.de
www.heel-verlag.de

Verantwortlich für den Inhalt:
Roland Löwisch

Lektorat:
Jan Weiden, Jürgen Schlegelmilch

Lithographie, Satz und Gestaltung:
F5 Mediengestaltung Ralf Kolmsee, Bonn

Fotonachweis:
Archiv HEEL Verlag, Archive Hersteller, Jürgen Schlegelmilch
Titelfoto: © Constantin Stein

Printed in Latvia

ISBN 978-3-96664-301-6

DEUTSCHE SPORTWAGEN

Die schönsten Modelle seit 1945

Roland Löwisch / Joachim Hack

HEEL

Alpina ... 8
Artega ... 16
Apollo ... 18
Audi ... 20
Bitter ... 50
BMW ... 51
Borgward ... 88
Brabus ... 88
Colani ... 94
Dauer ... 94
DKW ... 95
Ford ... 96
Glas ... 108
Gumpert ... 109
Isdera ... 112
Irmscher ... 114
Kurek ... 114
Lotec ... 115

Maybach 116
Melkus 118
Mercedes-Benz 120
M-Racing Fahlke 174
NSU 175
Opel 176
Porsche 188
Roding 232
Ruf 232
Smart 234
Thurner 235
Treser 235
Veritas 236
Volkswagen 237
VW-Porsche 250
Wiesmann 251

Was ist eigentlich ein Sportwagen? Was muss er haben, was darf er nicht haben? Es ist, wie so oft: Das alles liegt im Auge des Betrachters, in seiner Sozialisation, in seinem Geschmack, in seinen Ansprüchen. Bei uns ist das nicht anders. Sorry, aber 600 PS machen für uns aus einem 2,2-Tonnen-SUV noch lange keinen Sportwagen – genauso wenig wie eine Sportabgasanlage ohne Endschalldämpfer samt Tieferlegung aus einem Opel Corsa einen Racer machen. Ein Porsche Panamera ist für uns eher eine starke Businesslimousine als ein Sportgerät, beim Ford Focus RS ist das anders – der kann auch mit vier Türen auf der Rennstrecke eine gute Figur abgeben, weil Abstimmung, Kraft, Fahrwerk und vor allem Gewicht den Pistenspaß zulassen. Das gilt erst recht für die leistungsoptimierten Limousinen, Kombis und die so genannten „viertürigen Coupés" der großen Hersteller, deren hauseigene Veredler aus so manch bravem Massenprodukt außergewöhnliche Sportgeräte der Premiumklasse ableiten – und das mit Tradition: Die Wurzeln von AMG reichen bis 1967 zurück, BMW gründete den Vorgänger der M GmbH 1972. Audi eröffnete 1983 die quattro GmbH, die seit 2017 Audi Sport heißt. Opel folgte mit dem Opel Performance Center (OPC) im Jahr 1997, und VW ist der Letzte im Reigen mit der R GmbH seit 2010.

Während die Basismodelle wie SL oder Z4 schon von Haus aus Sportwagen sind und die werksgeschärften Exemplare deswegen erst recht, kann man auch mit viertürigen Powercars und natürlich auch mit den RS-Kombis von Audi extrem sportlich unterwegs sein, wenn man in der Lage ist, mit solchen Autos adäquat umzugehen. Denn die Komponenten wie Fahrwerk, Getriebeabstufung und so weiter sind solchen Ansprüchen angepasst, die Schwerpunkte möglichst niedrig gelegt und die Gewichte durch Einsatz von Leichtbaumaterialien möglichst gering gehalten. Meistens werden solche Autos natürlich auf dem Nürburgring abgestimmt – und was die Nordschleifentortur überlebt, versagt auch nicht auf öffentlicher Straße.

Klar, dass auch deutsche Kleinserienbauer in diesem Buch mit von der Partie sind, aber auch die ehemaligen Tuner Alpina, Brabus und Ruf. Denn diese drei besitzen den vom Kraftfahrbundesamt verliehenen Status als Fahrzeughersteller – auch wenn sie alle auf durchaus bekannten Modellen von BMW, Mercedes und Porsche aufbauen.

Wer trotzdem das eine oder andere Schmuckstück vermisst, den können wir an dieser Stelle nur um Nachsicht bitten. Bei den ausgesuchten Fahrzeugen kann es sich nur um eine Auswahl handeln – eben unsere Auswahl. Aber wir glauben, es macht Ihnen trotzdem Spaß …

Alpina Roadster V8

Ein seltenes Stück, der Alpina Roadster V8: Nur 555 Exemplare des Z8 aus Buchloe wurden gebaut – davon genau 105 Stück für Japan und Europa. Der Rest ging in die drehmomentverrückten USA. Für diesen Markt hatte Alpina dem V8 des seit 1999 gebauten Z8 zwar etwas Hubraum und etwa 25 PS geklaut, aber mit 520 Nm genau 20 Newtonmeter mehr maximales Drehmoment verpasst. Statt einer Sechsgang-Handschaltung kam die um 35 Kilo schwerere Alpina-Version mit Fünfgang-Automatik, die Endgeschwindigkeit lag zehn km/h über der bei 250 km/h abgeregelten Z8-„Basis"-Version. Mit einem Sprint von 5,3 Sekunden brauchte er allerdings 0,6 Sekunden länger auf 100 km/h als die Urfassung aus München.

Baujahr	2002-2003
Motor-Bauart	V8
Hubraum (cm³)	4837
Leistung (PS/U/min)	375 bei 5800
Vmax in (km/h)	260
Bauart	Roadster

Alpina B5 S Limousine E60

Als traditioneller Haus-und-Hof-Tuner von BMW mit eigenem Markenstatus besitzt Alpina höchstes Renommee. Ziel aller Aktivitäten ist, die sportlichen Anlagen der Münchner Automobile weiter zu schärfen, ohne praktischen Nutzwert und Alltagstauglichkeit zu verschlechtern. Der B5 S war ein perfektes Beispiel für diese Philosophie. Sein 4,4-Liter-V8 zeigt sich auf 530 PS leistungsgesteigert, was ein überlegenes Fahrleistungspotenzial garantiert. Von außen sind die Alpina-Fahrzeuge wegen ihres besonders dezenten Auftritts kaum zu erkennen.

Baujahr	2007-2010
Motor-Bauart	V8
Hubraum (cm³)	4398
Leistung (PS/U/min)	530 bei 5500
Vmax in (km/h)	313 bis 317
Bauart	Limousine, Kombi

Alpina B6 S

Nachdem sich BMW 2003 auch mit der Einführung einer neuen 6er Reihe mehr in Richtung Komfort orientierte, litt dieses 2+2-sitzige Coupé zwar nicht gerade an Muskelschwund, doch erschien die klare Profilierung als Hochleistungs-GT – trotz des 2005 präsentierten M6 mit 507 PS – etwas verwässert. Natürlich legte Alpina auch hier Hand an. Als Typ B6 S war zwischen 2007 und 2010 ein nach allen Regeln der Kunst technisch veredelter 6er im Programm, dessen 4,4-Liter-V8 auf satte 530 PS gebracht worden war.

Baujahr	2007-2010
Motor-Bauart	V8
Hubraum (cm³)	4398
Leistung (PS/U/min)	530 bei 5500
Vmax in (km/h)	318
Bauart	Coupé

Alpina B6 S Cabrio

Die Topmotorisierung des 6er BMW Alpina mit 530 PS war sowohl für das Coupé wie für das ab 2004 verfügbare Stoffdach-Cabrio erhältlich. Wie bei allen Cabrio-Versionen gab es gegenüber dem Coupé kleine Nachteile im Bereich Aerodynamik. Bei dem gebotenen Fahrleistungspotenzial von gut 300 km/h Höchstgeschwindigkeit war dies jedoch leicht zu verschmerzen. Damit war das B6 S Cabrio im Übrigen eines der schnellsten viersitzigen Cabriolets der Welt.

Baujahr	2007-2010
Motor-Bauart	V8
Hubraum (cm³)	4398
Leistung (PS/U/min)	530 bei 5500
Vmax in (km/h)	313
Bauart	Cabrio

Alpina B3 E90

Baujahr	seit 2020
Motor-Bauart	Reihensechszylinder-Biturbo
Hubraum (cm³)	2993
Leistung (PS/U/min)	462
Vmax in (km/h)	303, 300
Bauart	Limousine, Kombi

Das „Deutsche Auto des Jahres 2021" in der Kategorie „Performance": BMW Alpina B3. Mit einer Leistung von 462 PS liegt der B3 beinahe auf dem Niveau des neuen BMW M3. Doch während der M3 mit aggressivem Design, gewaltigen Nüstern und beinahe nervösem Fahrverhalten antritt, gibt sich der B3 diskret: Die Karosserie entspricht dem regulären 3er, die visuellen Indikatoren für die überlegene Leistung dieser Sportlimousine beschränken sich auf zurückhaltendes Spoilerwerk und die Alpina-typischen Designstreifen, die man auf Wunsch auch weglassen kann. Der Spurt von 0 auf 100 km/h wird in nur 3,8 Sekunden absolviert, die Spitze liegt bei überragenden 303 km/h – ein Alpina verzichtet seit jeher darauf, den Fahrer mit künstlicher Abriegelung zu bevormunden. Im Interieur dominiert klassische Handwerkskunst: Die optionale Lavalina-Belederung und die Edelholz-Ausstattung mit Alpina-Klavierlack erfreuen Nostalgiker und setzen nach wie vor Maßstäbe. 79.202 Euro werden für die Limousine fällig, die Touring-Variante kostet 80.956 Euro.

Alpina D3 Biturbo E90

Baujahr	2008-2013
Motor-Bauart	Vierzylinder (Reihe)
Hubraum (cm³)	1995
Leistung (PS/U/min)	214 bei 4100
Vmax in (km/h)	241 bis 244
Bauart	Coupé, Cabrio, Kombi

Nicht nur im Bereich der Ottomotoren engagiert sich Alpina, auch die Fahrzeuge mit verbrauchsgünstigem Dieseltriebwerk bekommen eine nachhaltige Kraftspritze verpasst. Mit 214 PS aus dem Zweiliter-Vierzylinder, gigantischen Drehmomentwerten und fast 250 km/h Höchstgeschwindigkeit wird aus dem 3er BMW mit Dieselmotor ein ernsthafter Sportwagen. Wie bei allen seinen Autos verzichtet Alpina auch hier auf vordergründige optische Effekte seiner Arbeit und beschränkt sich auf das technisch Notwendige.

Alpina B7 F01/F02

Nachdem BMW die dynamischen Qualitäten seiner großen 7er Limousine zeitweise etwas vernachlässigt hatte, besann man sich bei der seit 2008 angebotenen aktuellen Generation wieder verstärkt auf alte Werte. Dennoch bleibt weiterhin genügend Raum für Alpina, auch der Repräsentationslimousine richtig Dampf zu machen. Der bereits im 5er zum Einbau kommende 4,4-Liter-Biturbo-V8 mit 507 PS verleiht auch dem massiven 7er Flügel und stellt das gleiche Fahrleistungspotenzial bereit, über das ein serienmäßiger 760i mit V12-Turbomotor und 544 PS verfügt – der leichtere V8-motorisierte 7er lässt sich jedoch agiler bewegen und ist verbrauchsgünstiger.

Baujahr	2009-2015
Motor-Bauart	V8
Hubraum (cm³)	4385
Leistung (PS/U/min)	507 bei 5500
Vmax in (km/h)	280
Bauart	Limousine

OAL B 8800
ALPINA

Alpina B8 Gran Coupé

Baujahr	seit 2021
Motor-Bauart	V8-Biturbo
Hubraum (cm^3)	4395
Leistung (PS/U/min)	621 bei 5500-6500
Vmax in (km/h)	324
Bauart	Gran Coupé

Das B8 Gran Coupé ist als Reminiszenz an die Alpina 8er-Reihe aus den 1990er Jahren gedacht. Ein 4,4-Liter-V8-Biturbo mit 621 PS und 800 Nm bringt seine Kraft über ein Achtganggetriebe auf alle vier Räder, 100 km/h sind in 3,4 Sekunden erreicht. Das Sportcoupé steht auf beeindruckenden 21 Zoll großen Rädern und besitzt ein Sportfahrwerk, das Langstreckenkomfort mit Querdynamikqualitäten verbinden soll. Ein serienmäßiges Hinterachsdifferenzial ermöglicht dynamische Kurvenfahrten. Alpina verlangt 161.200 Euro für seinen Luxussportler.

Baujahr	2009-2012
Motor-Bauart	V6
Hubraum (cm³)	3597
Leistung (PS/U/min)	300 bei 6000
Vmax in (km/h)	285
Bauart	Coupé

Artega GT

In Deutschland ein ambitioniertes Sportwagenprojekt in britischer Tradition, aber mit hoher Professionalität auf die Beine zu stellen, erwies sich erwartungsgemäß als schwierig. Der Leichtbau-Mittelmotor-Zweisitzer wurde 2007 erstmals auf dem Genfer Salon gezeigt und beeindruckte mit hochwertiger Ausführung. Befeuert wird der GT von einem 3,6-Liter-VW-Sechszylinder mit 300 PS in Kombination mit dem bekannten DSG-Getriebe. Trotz – oder wegen – der hohen technischen Qualität kam es zu mehreren Besitzerwechseln des Unternehmens. Mittlerweile scheint man in ein ruhigeres Fahrwasser gekommen zu sein und die ersten Fahrzeuge sind an die Kunden ausgeliefert.

Artega Scalo

Klaus Dieter Frers, Chef des westfälischen Autozulieferers Paragon im ostwestfälischen Delbrück, erfüllte sich 2009 mit dem Artega GT den Traum vom eigenen Auto. 2015 kam das Auto zurück, jetzt als Sportler mit 408 rein elektrischen PS namens Artega Scalo. Die Top-Speed ist auf 250 km/h begrenzt. Seine zwei wassergekühlten permanentmagneterregten Synchronmotoren können dauerhaft 150 kW leisten und besitzen ein maximales Drehmoment von 780 Nm. Der 170.000 Euro teure Scalo wird allerdings nur auf Bestellung gebaut, seine Reichweite soll bis zu 400 Kilometer betragen.

Baujahr	seit 2015
Motor-Bauart	zwei E-Motoren
Hubraum (cm³)	entfällt
Leistung (PS/U/min)	408
Vmax in (km/h)	250
Bauart	Coupé

Artega Scalo Superellectra

Das Hypercar Artega Scalo Superelletra ist ein Dreisitzer mit 1020 PS und 1620 Newtonmeter maximalem Drehmoment – alles dank chinesischer Unterstützung seit 2018. An jeder Achse sitzen zwei E-Motoren, die, wie bei E-Motoren üblich, ihr volles Drehmoment von Null auf sofort liefern. Das bedeutet 2,7 Sekunden für den Sprint, als Top-Tempo sind 300 km/h vorgesehen. Das Lithium-Ionen-System soll 120 kWh leisten, eine Nominalspannung von 800 Volt liefern und eine Reichweite von rund 500 Kilometern garantieren. Das Design stammt von Touring Superleggera aus Mailand, die Technik im Wesentlichen von Frers Firmen Paragon, dem Zulieferer für Autoelektronik, und Voltabox, dem Hersteller von Batteriesystemen. Die Sitze sind in einer Art umgekehrtem V angeordnet mit dem Fahrer vorn und den beiden Passagieren schräg hinter ihm.

Baujahr	seit 2018
Motor-Bauart	vier E-Motoren
Hubraum (cm^3)	entfällt
Leistung (PS/U/min)	1020
Vmax in (km/h)	300
Bauart	Coupé

Apollo Arrow

Roland Gumpert und Apollo sind eine unendliche Geschichte: Nachdem der ehemalige Audi-Sportchef in seiner Firma Gumpert Sportwagenmanufaktur das Hypercar Apollo gebaut hatte, aber damit nicht mehr als einen Achtungserfolg erzielen konnte und den Laden 2012 schließen musste, gab es 2016 vor allem mit dem chinesischen Investor Norman Choi einen neuen Player – und die Firma Apollo Automobil GmbH mit Roland Gumpert als Geschäftsführer und Ingenieur. Erstes Auto: der Arrow. Der nur gut 1300 Kilo schwere Mittelmotor-Supersportler wies optisch überhaupt keine Ähnlichkeit mehr mit dem alten Gumpert Apollo auf, der einst tatsächlich in Kleinserie gebaut wurde und lange Jahre den imageträchtigen Rundenrekord auf der Nordschleife hielt. Ein bearbeiteter Vierliter-Twinturbo-V8 von Audi sollte der stark modernisierten Neuauflage mit 999 PS zu einem Sprint auf 100 km/h in 2,2 Sekunden verhelfen sowie zum Maximaltempo von 360 km/h. Bei dem Zweisitzer steckte der Motor vor der angetriebenen Hinterachse. Die Kraft wurde von einem sequenziellen Siebengang-Getriebe gebändigt. Es war eine Kleinserie von 100 Stück geplant.

Baujahr	seit 2016
Motor-Bauart	V8-Biturbo
Hubraum (cm^3)	3993
Leistung (PS/U/min)	999 bei k.A.
Vmax in (km/h)	360
Bauart	Coupé

Apollo N

Der Antrieb von Enthusiasten, die Supersportwagen bauen, ist oft der gleiche: das schnellste straßenzugelassene Auto der Welt zu kreieren. Das soll auch für den Apollo N gelten, die neue Version des Gumpert Apollo, gebaut von der chinesisch finanzierten Firma Apollo im oberbayerischen Denkendorf unter der Leitung von Ex-Audi-Sportchef Roland Gumpert. Der N ist ein 700 PS starkes Supercoupé mit einem Namen, der auf den Nürburgring verweisen soll. Im Focus sind eine Spitzengeschwindigkeit von 360 km/h, der Sprint in weniger als drei Sekunden und 880 Newtonmeter maximales Drehmoment. Möglich macht das ein 4,2-Liter-V8-Biturbo von Audi. Puristisch: Die Kraft wird nur an die Hinterräder geleitet.

Baujahr	2018
Motor-Bauart	V8-Biturbo
Hubraum (cm^3)	4163
Leistung (PS/U/min)	700 bei k.A.
Vmax in (km/h)	360
Bauart	Coupé

Audi 100 Coupé S

Die sportliche Version der bürgerlichen Limousine sicherte sich rasch eine treue Fangemeinde. Mit etwas leistungsgesteigertem Antriebsaggregat und noblerer Ausstattung sprach es eine individualistischere Klientel an, denn Konkurrenz in diesem Marktsegment gab es bei inländischen Mitanbietern kaum. Einen harten Kern von Audi Coupé-Enthusiasten gibt es auch heute noch.

Baujahr	1970-1976
Motor-Bauart	Vierzylinder (Reihe)
Hubraum (cm³)	1871
Leistung (PS/U/min)	112 bei 5700, 115 bei 5500
Vmax in (km/h)	185
Bauart	Coupé

Baujahr	1975-1978
Motor-Bauart	Vierzylinder (Reihe)
Hubraum (cm³)	1588
Leistung (PS/U/min)	110 bei 6100
Vmax in (km/h)	178
Bauart	Limousine

Audi 80 GTE

Mit 100 PS, Breitreifen und sportlichen Ausstattungsmerkmalen hatte Audi seinen 80 GT versehen und damit zwei Jahre vor dem Golf GTI erahnt, wohin der Trend laufen würde. Im Herbst 1975 kam dann der noch einmal aufgewertete 80 GTE mit Bosch K-Jetronic-Benzineinspritzung, den es bald darauf auch viertürig zu kaufen gab. Seine gut im Saft stehenden 110 PS reichten für eine Spitze von über 180 km/h aus, womit er sich auch im Konkurrenzvergleich nicht verstecken musste.

Baujahr	1980-1990
Motor-Bauart	Fünfzylinder (Reihe)
Hubraum (cm³)	2144
Leistung (PS/U/min)	200 bei 5800
Vmax in (km/h)	235
Bauart	Coupé

Audi quattro

Der quattro war das Auto, das die Marke Audi in bisher nie gekannte Höhen katapultierte und als ernst zu nehmenden Herausforderer im Premium-Segment etablierte. Nicht mehr unspannende Familienkutschen waren das Thema, sondern mit einem Mal die sexy Welt des Motorsports auf Weltniveau und eindrucksvolle Hochtechnologie. Mit seinem 200 PS starken Turbo-Fünfzylinder samt Vierradantrieb sowie seinem martialischen Auftritt mit bauchigen Kotflügelverbreiterungen setzte er einen ersten starken Impuls für einen nachhaltigen Wandel des Markenimage. Auch in Sachen Fahrdynamik setzte der quattro neue Maßstäbe. Der Markt akzeptierte ihn ohne Wenn und Aber – fast 11.500 Exemplare des teuren Nischenmodells fanden in der rund achtjährigen Produktionszeit einen Käufer.

Audi 80 quattro

Im Glanz des „großen" quattro sonnte sich auch der Audi 80. 1982 präsentierten die Ingolstädter eine allradgetriebene Spitzenversion des 80ers, die nur von Fünfzylinder-Triebwerken befeuert wurde, entweder mit 2 oder 2,2 Litern Hubraum, aber stets ohne Turbolader. Das machte insgesamt ein durchaus interessantes Paket, es geriet aber ein wenig zu teuer, um Kunden vom 190er Mercedes-Benz oder 3er BMW zu einem Auto zu ziehen, das wie ein Audi 80 aussah und letztlich auch einer war. Die Publikumsresonanz blieb deshalb mau: Nach nur knapp drei Jahren verschwand der 80 quattro sang- und klanglos wieder vom Markt.

Baujahr	1982-1984
Motor-Bauart	Fünfzylinder (Reihe)
Hubraum (cm³)	1944, 2144
Leistung (PS/U/min)	115 bei 5400, 136 bei 5900
Vmax in (km/h)	184, 195
Bauart	Limousine

Baujahr	1984-1985
Motor-Bauart	Fünfzylinder (Reihe)
Hubraum (cm³)	2133
Leistung (PS/U/min)	306 bei 6700
Vmax in (km/h)	250
Bauart	Coupé

Audi Sport quattro

Ein ganz heißes Eisen, auch wenn es ein wenig skurril aussah. Der Sport quattro war ein nur in limitierter Stückzahl als reines Motorsport-Basisfahrzeug hergestelltes Spezialmodell, das Belange der Ästhetik und unbedingter Alltagstauglichkeit bewusst außer Acht ließ. Handlichkeit, Leistung und Fahrdynamik waren die alles entscheidenden Faktoren. Ein radikal gekürzter Radstand, satte 306 PS aus dem aufgeladenen 2,2-Liter-Fünfzylinder und hochentwickelte Fahrwerkstechnik prädestinierten den Sport quattro zu einem Auto für Spezialisten – aber auch sein Preis: Wer eines der 220 gebauten Exemplare sein Eigen nennen wollte, musste 1984 stolze 200.000 D-Mark berappen.

Baujahr	1990-1995
Motor-Bauart	Fünfzylinder (Reihe)
Hubraum (cm³)	2226
Leistung (PS/U/min)	220 bei 5900 bis 230 bei 5900
Vmax in (km/h)	245
Bauart	Coupé

Audi S2

1990 brachten die Ingolstädter, quasi als offiziellen Nachfolger des legendären Urquattro, auf Basis der Baureihe B3 das Coupé S2 heraus. Wie sein Vorgänger war es serienmäßig mit permanentem Allradantrieb ausgestattet. Als Motor kam der bekannte Fünfzylinder-Turbo mit knapp 2,3 Litern Hubraum und zunächst 220 PS zum Einsatz. Ab Herbst 1992 nahm dessen Platz ein modifiziertes Triebwerk mit 230 PS Leistung ein. Trotz überlegener Fahrleistungen vermochte das Coupé S2 nicht am einzigartigen Nimbus des Urquattro zu rütteln. Nach nur fünf Jahren lief das Modell schon aus.

Audi RS2

1994 begann bei Audi die Ära der Hochleistungsversionen mit der Typbezeichnung RS. In Zusammenarbeit mit Porsche wurde der RS2 präsentiert, ein nur als Kombi lieferbarer A4 mit Quattro-Antrieb, dessen knapp 2,3 Liter großer Fünfzylindermotor vor allem mittels eines größeren Turboladers von serienmäßigen 230 auf 315 PS gebracht wurde. Damit war der RS2 der schnellste bis dahin gebaute Audi. Er kombinierte darüber hinaus Fahrleistungen und -eigenschaften aus dem Bereich ernstzunehmender Sportwagen mit hoher Alltagtauglichkeit und dem hervorragenden Nutzwert eines Kombis.

Baujahr	1994-1996
Motor-Bauart	Fünfzylinder (Reihe)
Hubraum (cm³)	2226
Leistung (PS/U/min)	315 bei 6500
Vmax in (km/h)	260
Bauart	Kombi

Baujahr	1994-1997
Motor-Bauart	V8
Hubraum (cm³)	2226, 4172
Leistung (PS/U/min)	230 bei 5900 bis 326 bei 6500
Vmax in (km/h)	250
Bauart	Limousine, Kombi

Audi S6 (C4)

Im Jahr 1994 strukturierte Audi die Modellbezeichnungen seiner Fahrzeugbaureihen um: Aus dem Audi 80 wurde der A4, aus dem Audi 100 der A6. Dies hatte auch Auswirkungen auf die S-Versionen. Hieß der besonders sportliche und leistungsstarke Audi 100 von 1991 bis 1994 noch S4, so bekam er mit der Umbenennung in A6 den logischen Namen S6. Die Bezeichnung S4 war von da an für die Sportversionen des A4 reserviert. Die erste S6-Generation, die von 1994 bis 1997 gebaut wurde, gab es in drei unterschiedlichen Motorisierungen: Mit einem knapp 2,3 Liter großen Turbofünfzylinder und 230 PS sowie ab 1992 alternativ mit einem 4,2 Liter großen V8 mit 290 PS oder in der plus-Version mit 326 PS, alle mit Allradantrieb.

Audi S6 (C5)

Von 1999 bis 2005 war die zweite Generation des S6 auf dem Markt. Die legendären Fünfzylinder-Turbomotoren wurden vorerst in den Ruhestand geschickt und als einzig lieferbares Triebwerk kam der 4,2-Liter-V8 zum Einbau. Im neuen S6 (C5) zeigte er sich auf 340 PS leistungsgesteigert. Als Kraftübertragung konnte man zwischen einem mechanischen Sechsganggetriebe oder einer Fünfgangautomatik auswählen, die im weiteren Verlauf der Produktion zur Standardausstattung avancierte.

Baujahr	1999-2005
Motor-Bauart	V8
Hubraum (cm³)	4172
Leistung (PS/U/min)	340 bei 7000
Vmax in (km/h)	250
Bauart	Limousine, Kombi

Audi RS 6, RS 6 plus (C5)

Eigentlich wollte Audi ihren ersten RS 6 500 PS stark machen – aber dagegen wehrte sich das Fünfganggetriebe. So wurden es nur 450 PS, die allerdings auch schon für einen beeindruckenden Sprint von 4,7 Sekunden von 0 auf 100 km/h sorgten. Der RS 6 war nach dem RS 4 und dem S6 das dritte Fahrzeug der quattro GmbH, das es als Limousine und als Kombi gab – wobei die Limousinen nach Amerika verkauft wurden. Lange blieb das fast 1,9 Tonnen schwere Auto nicht im Programm, wobei das letzte Dreivierteljahr nur noch der gleichstarke Audi RS 6 plus als Kombi in 999 Exemplaren zu haben war.

Baujahr	2002-2004
Motor-Bauart	V8-Biturbo
Hubraum (cm³)	4172
Leistung (PS/U/min)	450 bei 5700-6400
Vmax in (km/h)	250
Bauart	Limousine, Kombi

Audi RS 6 (C6)

Im Frühjahr 2008 setzte Audi mit dem RS 6 der zweiten Generation (C6) dem Segment der Hochleistungs-Sportlimousinen die Krone auf. Erstmals kam hier ein exklusives Fünfliter-V10-Biturbotriebwerk zum Einsatz, das in ähnlicher Form als Saugmotor auch bei der italienischen Edelsportwagenschmiede Lamborghini verwendet wird. Mit 580 PS, Allradantrieb und einem automatischen Sechsgang-Tiptronic-Getriebe ließ der RS 6 alle Konkurrenten von BMW (M5, 507 PS) und Mercedes-Benz (E 63 AMG, 525 PS) hinter sich. Bei der gegen Aufpreis lieferbaren „Plus"-Version wurde die Höchstgeschwindigkeit erst bei 303 km/h abgeregelt.

Baujahr	2008-2010
Motor-Bauart	V10
Hubraum (cm³)	4991
Leistung (PS/U/min)	580 bei 6250
Vmax in (km/h)	303
Bauart	Limousine, Kombi

IN RS 600

Audi RS 6 (C7)

Rund drei Jahre nach Präsentation des neuen Audi A6, Code 4G, und knapp ein Jahr nach dem 420 PS starken S6 brachte Audi für die Fans noch stärkerer Familienkombis den RS 6 in dritter Generation auf den Markt. Der Vierliter-V8 überzeugte mit 560 PS und 700 Newtonmetern maximalem Drehmoment. Der zunächst 107.000 Euro teure RS 6 besaß natürlich Allradantrieb, wog aber mehr als zwei Tonnen. Trotzdem soll der 100-km/h-Sprint in beeindruckenden 3,9 Sekunden geklappt haben. Bei 250 km/h war elektronisch abgeregelt Schluss, gegen Aufpreis aber bis zu 305 km/h möglich.

Baujahr	2013-2018
Motor-Bauart	V8-Biturbo
Hubraum (cm³)	3993
Leistung (PS/U/min)	560 bei 6600
Vmax in (km/h)	250
Bauart	Kombi

Audi RS 6 performance (C7)

Noch schneller als der RS 6 als Top-Modell der A6-Baureihe war nur die „RS 6 performance"-Version, die Audi Ende 2015 nachschob. Das Top-Modell überzeugte mit 605 PS, was den Wagen in 3,7 Sekunden auf 100 km/h katapultierte. Wie bei den RS-Modellen üblich, konnte man gegen entsprechendes Aufgeld ein „Dynamik-Paket" oder ein „Dynamik plus-Paket" kaufen, was unter anderem die Höchstgeschwindigkeit auf 280 km/h bzw. auf 305 km/h steigerte.

Baujahr	2013-2018
Motor-Bauart	V8-Biturbo
Hubraum (cm³)	3993
Leistung (PS/U/min)	605 bei 6800
Vmax in (km/h)	250
Bauart	Kombi

IN RS 6300

Audi RS 6 (C8)

Die vierte Generation des großen Superkombis von Audi wird erstmals auch in den USA angeboten. Dort wird Leistung ebenso goutiert wie bei uns: Der neue RS 6 kommt mit 600 PS und gewaltigen 800 Nm. Der Motor wurde aus dem Vorgänger übernommen, aber zum Mildhybrid weiterentwickelt. Bis auf die vorderen Türen, das Dach und die Heckklappe sind sämtliche Teile modifiziert gegenüber dem S6 und den normalen A6-Versionen. Allein die Räder sind beeindruckende 21 Zoll groß, gegen Aufpreis können 22-Zöller bestellt werden. Wie schon beim Vorgänger, so kann man sich durch Erwerben von Dynamik-Paketen von der 250-km/h-Fessel freikaufen und seinen RS 6 Avant 280 oder 305 km/h rennen lassen.

Baujahr	seit 2019
Motor-Bauart	V8-Biturbo
Hubraum (cm³)	3996
Leistung (PS/U/min)	600 bei 6000-6250
Vmax in (km/h)	250
Bauart	Kombi

Audi S4 (B6)

Der S4 der Modellgeneration B6 wurde von Audi 2003 präsentiert. Erstmals war in der S-Spezifikation neben dem Kombi Avant auch die viertürige Limousinen- sowie die Cabrioversion erhältlich. Als Antrieb diente ein 4,2-Liter-V8-Saugmotor mit 344 PS, wie er ähnlich im S8 eingesetzt wurde – ein noch stärkeres RS-Modell, wie es bei der Nachfolgegeneration B7 wieder angeboten wurde, gab es beim B6 nicht. Die verfügbare Leistung reichte jedoch allemal um den S4 zu einem kompakten Mittelklassefahrzeug mit sportwagenmäßigen Fahrleistungen zu machen.

Baujahr	2003-2005
Motor-Bauart	V8
Hubraum (cm³)	4163
Leistung (PS/U/min)	344 bei 7000
Vmax in (km/h)	250
Bauart	Limousine, Kombi, Cabrio

Baujahr	1999-2002
Motor-Bauart	V6
Hubraum (cm³)	2671
Leistung (PS/U/min)	381 bei 6100
Vmax in (km/h)	250
Bauart	Kombi

Audi RS 4 (B5)

Nachfolger des RS2 wurde 1999 der RS 4, ebenfalls auf Basis der seinerzeit aktuellen A4-Baureihe. Porsche war allerdings nicht mehr offizieller Kooperationspartner sondern die Audi-Tochter Quattro GmbH. Als Antrieb des RS 4 diente ein knapp 2,7 Liter großer V6 mit Biturboaufladung, der 381 PS per Sechsganggetriebe und Allradantrieb zur Verfügung stellte. Audi konnte bis 2002 über 6000 Exemplare dieses extrem schnellen Fahrzeugs herstellen und absetzen, das ebenso wie der RS2 nur in der Kombiversion namens Avant erhältlich war.

Audi RS 4 Coupé / Cabrio (B7)

Faszinierende Fahrleistungswerte und hohe Fahrwerksreserven machten gerade die erstmals lieferbare RS 4 Limousine der Baureihe B7 zu einer echten Konkurrenz sogar für Hochleistungssportwagen. Das gute Platzangebot im Innen- und Kofferraum sowie der gegenüber einem Sportwagen weniger auffällige Auftritt prädestinierten den RS 4 – wie schon seine Vorgänger – zu einem Understatement-Mobil der Extraklasse. Trotz ihrer in gewisser Weise extremen Spezifikation erwies sich diese RS 4-Baureihe als sehr erfolgreich. Audi produzierte von ihr über 14.000 Exemplare.

Baujahr	2005-2009
Motor-Bauart	V8
Hubraum (cm³)	4163
Leistung (PS/U/min)	420 bei 7800
Vmax in (km/h)	250
Bauart	Limousine, Kombi, Cabrio

Audi RS 4 (B8)

Audi hat durchaus ein paar Kultautos auf die Räder gestellt – der Audi RS 4 gehört dazu. Was auch daran liegt, dass es nicht so viele Lifestylekombis jener deutschen Bauart gibt, die mit allem kommen, was einem so sportiven wie solventen Familienvater erfreut: genug Platz, genug Power, genug angetriebene Räder. Anders ausgedrückt: ein Kombi mit 450 PS und Allradantrieb. Unter der Vorderhaube arbeitete der 4,2-Liter-V8-Hochdrehzahlmotor, der seit 2010 auch schon den RS 5 antrieb. Trotz eines Gewichts von fast 1,9 Tonnen sprintete der RS 4 in 4,7 Sekunden von 0 auf 100 km/h. Gegen Aufpreis konnten sich die abgeregelten 250 km/h Spitze auf 280 km/h schrauben lassen.

Baujahr	2012-2015
Motor-Bauart	V8
Hubraum (cm³)	4163
Leistung (PS/U/min)	450 bei 8350
Vmax in (km/h)	250/280
Bauart	Kombi

Audi RS 4 (B9)

Baujahr	seit 2018
Motor-Bauart	V6-Biturbo
Hubraum (cm³)	2995
Leistung (PS/U/min)	450 bei 6700
Vmax in (km/h)	250
Bauart	Kombi

Der RS 4 der vierten Generation kommt mit dem 450 PS starken Biturbo-V6 (600 Nm Drehmoment), der auch schon im Porsche Panamera seine Arbeit tut. Das Leistungspaket reicht für den Sprint in 4,1 Sekunden, dafür musste man aber auch knapp 80.000 Euro bezahlen. 2020 waren es bereits 81.400 Euro, dafür gabs dann auch schon ein kleines Facelift mit neuer Frontpartie samt flacherem Singleframe-Grill. Ebenfalls dabei das neue Bediensystem MMI touch, wobei das Kürzel für „Multi Media Interface" steht und das Bedienkonzept des Infotainmentsystems bezeichnet. Das Auto steht auf 19-Zöllern, 20-Zöller sind gegen Aufpreis zu haben. Ebenso kann sich der Kunde entscheiden für eine Keramik-Bremsanlage oder das Performance-Package, das die elektronisch begrenzten 250 km/h Spitze bis zu 280 km/h freischaltet.

Baujahr	1998-2005
Motor-Bauart	Vierzylinder-Turbo (Reihe), V6
Hubraum (cm^3)	1781 bis 3189
Leistung (PS/U/min)	150 bei 5500 bis 250 bei 6500
Vmax in (km/h)	210 bis 240
Bauart	Coupé, Cabriolet

Audi TT (8N)

Etwas harzig begann 1998 die Karriere des TT: Die ersten ausgelieferten Fahrzeuge des sportlichen 2+2-Sitzers hatten Stabilitätsprobleme im Hochgeschwindigkeitsbereich. Nach einigen schweren Unfällen, die womöglich auf diese Probleme zurückzuführen waren, reagierten die Ingolstädter prompt, riefen die bereits in Kundenhand befindlichen Fahrzeuge zurück und rüsteten ab sofort alle TT mit einem Abtrieb fördernden Heckspoiler aus. Damit waren zwar die Schwächen des Fahrverhaltens kuriert, die Optik des Sport-Audi für manchen Betrachter aber ruiniert. Bald erinnerte sich kaum noch jemand an dieses Thema – der TT etablierte sich fortan bestens in seiner Klasse.

Audi TT (8J)

Im Frühjahr 2006 stand die zweite Generation des erfolgreichen Sportcoupés TT zur Markteinführung bereit. Optisch straffte Audi den rundlichen TT etwas, ohne jedoch die grundlegende Linienführung zu verändern. Die Motorenpalette des Basismodells wurde im Lauf der Zeit ebenfalls verbreitert. Neben dem Zweiliter-Vierzylinder mit Turbolader und 200 PS und dem 3,2-Liter-Sechszylinder mit nach wie vor 250 PS kamen später noch ein aufgeladener 1,8-Liter-Vierzylinder mit 160 PS als Einstiegsmodell und erstmals ein Zweiliter-Vierzylinder-Turbodiesel mit 170 PS hinzu. Rund ein Jahr nach der Vorstellung des Coupés kam der neue TT Roadster auf den Markt.

Baujahr	2006-2014
Motor-Bauart	Vierzylinder-Turbo (Reihe), Vierzylinder-Turbodiesel (Reihe), V6
Hubraum (cm^3)	1798, 1968, 1984, 3189
Leistung (PS/U/min)	160 bei 6300 bis 250 bei 6300
Vmax in (km/h)	220 bis 250
Bauart	Coupé, Cabriolet

Baujahr	2008-2014
Motor-Bauart	Vierzylinder-Turbo (Reihe)
Hubraum (cm³)	1984
Leistung (PS/U/min)	272 bei 6000
Vmax in (km/h)	250
Bauart	Coupé, Roadster

Audi TTS Coupé / Roadster

Eine erste, die Sportlichkeit des Coupés besonders betonende Modellvariante erschien Mitte 2008 auf dem Markt. Ein größerer Turbolader sowie entsprechende Modifikationen an der Motorperipherie ließen die Leistung des Zweiliter-Vierzylinders mit Direkteinspritzung auf 272 PS ansteigen. Dadurch wurden im Zusammenwirken mit dem serienmäßigen Quattro-Allradantrieb Beschleunigungswerte von um die 5 Sekunden von 0 auf 100 km/h möglich. Der TTS stieß damit in ganz neue Leistungsdimensionen vor, die der etwas schwerfälligen 3,2-Liter-Version der Vorgängerbaureihe noch verschlossen waren.

Analog zu den Limousinen-Baureihen bot Audi ab 2008 bzw. 2009 zwei unterschiedlich starke Sportversionen des TT an. Der RS spielte dabei wie gewohnt die Rolle des kompromisslosen Hochleistungsmodells. Erstmals mit einem 2,5 Liter großen Fünfzylinder-Turbomotor unter der Haube wurde er mit seinen 340 PS in Kombination mit dem Quattro-Allradantrieb zu einer echten Herausforderung selbst für Sportwagen vom Kaliber eines Porsche. Die Limitierung der erreichbaren Höchstgeschwindigkeit des RS kann gegen Aufpreis erst bei 280 km/h erfolgen.

Baujahr	2009-2014
Motor-Bauart	Fünfzylinder-Turbo (Reihe)
Hubraum (cm³)	2480
Leistung (PS/U/min)	340 bei 6500
Vmax in (km/h)	280
Bauart	Coupé

Audi TT (FV)

Die dritte Generation des Audi TT namens FV/8S vermied es, am Ruf als Designikone zu rütteln – auch wenn der alte „Bauhausstil" in der zweiten Generation schon etwas verwässert wurde. Hinten gab es zwar ausgeformte Sitze, aber da hatten es schon Kinder aus Platzgründen schwer, sich wohlzufühlen. Serienmäßig war der TT bereits gut ausgestattet, unter anderem mit Klimaanlage, Xenonlicht, Radio und Sportsitzen. Der Kunde konnte zwischen Coupé und Roadster wählen, Allradantrieb war optional zu haben. Auch eine Dieselversion mit Zweiliter-Motor, 184 PS und serienmäßig Frontantrieb war im Portfolio. Das Top-Tempo war beim 230 PS starken 2.0 TFSI auf 250 km/h elektronisch begrenzt. Für Aufsehen sorgte im TT die Premiere des virtuellen, digitalen Cockpits, das alle Anzeigen inklusive der Navigation auf einem Bildschirm vor dem Fahrer vereinte. Dadurch sparte sich Audi den Bildschirm in der Mittelkonsole, dessen Integration noch heute selten elegant gelingt. 2018 kam der TT mit einem Facelift, das den Charakter kaum veränderte. Ein vergleichbarer Nachfolger ist zurzeit nicht in Sicht.

Baujahr	2014-2020
Motor-Bauart	Vierzylinder-Turbo, Fünfzylinder-Turbo, Vierzylinder-Turbodiesel
Hubraum (cm^3)	1798, 1968, 1984
Leistung (PS/U/min)	180 bei 6200 bis 230 bei 6200
Vmax in (km/h)	230 bis 250
Bauart	Coupé, Roadster

Audi TTS (FV)

Die noch sportlichere TT-Version mit dem Zusatz „S" besaß immerhin 80 PS mehr als der Zweiliter-TFSI und kam serienmäßig mit Allradantrieb. Wenn man den Sechsgang-Handschalter optimal bediente, war im Coupé ein Sprint in 4,6 Sekunden möglich, der schwerere Roadster (1545 Kilo) benötigte etwas länger.

Baujahr	2014-2020
Motor-Bauart	Vierzylinder-Turbo
Hubraum (cm³)	1984
Leistung (PS/U/min)	310 bei 5800-6200
Vmax in (km/h)	250
Bauart	Coupé, Roadster

Audi TT RS (FV)

Das Top-Modell der TT-Baureihe war der TT RS mit satten 400 PS und 480 Newtonmeter maximalem Drehmoment aus einem Fünfzylinder-Turbo und natürlich Allradantrieb. Dafür sprintete auch das Coupé in minimal 3,7 Sekunden aus dem Stand auf 100 km/h, der Roadster schaffte das in immerhin 3,9 Sekunden. Ab 2017 war der TT RS auch mit Audi Performance-Teilen zu haben, wozu unter anderem Carbon-Anbauteile zählten. Im Oktober 2020 wurde die auf 40 Stück limitierte Sonderserie „TT RS 40 Jahre quattro Edition" auf die Straße gebracht – zum Stückpreis von 114.000 Euro.

Baujahr	2016-2020
Motor-Bauart	Fünfzylinder-Turbo (Reihe)
Hubraum (cm³)	2480
Leistung (PS/U/min)	400 bei 7000
Vmax in (km/h)	250
Bauart	Coupé, Roadster

IN TT 3200

Baujahr	2011-2012
Motor-Bauart	Fünfzylinder (Reihe)
Hubraum (cm³)	2480
Leistung (PS/U/min)	340 bei 6800
Vmax in (km/h)	250
Bauart	Sportback

Audi RS 3 (8P)

Erst am Ende des Lebenszyklus der aktuellen A3-Baureihe (8P/8PA) im Frühjahr 2011, brachte Audi eine hochsportliche RS-Version auf Basis der fünftürigen Sportback-Karosserie heraus. Wie immer mit dem Quattro-Antrieb versehen verfügte der RS 3 als einziger A3 über den legendären Fünfzylinder-Turbomotor, der sich hier auf 340 PS getrimmt zeigt. Das genügt allemal um die Höchstgeschwindigkeit bei 250 km/h abriegeln zu müssen. Wie alle supersportlichen Audi-Modelle tritt der RS 3 äußerlich sehr zurückhaltend auf – einzig die riesigen Lufteinlässe in der vergrößerten Frontschürze weisen auf das RS-Modell hin.

Baujahr	2010-2015
Motor-Bauart	V8
Hubraum (cm³)	4163
Leistung (PS/U/min)	450 bei 8250
Vmax in (km/h)	250
Bauart	Coupé

Audi RS 5

Auch die sehr erfolgreiche A5-Baureihe bekam als sportliche Speerspitze eine RS-Version auf Basis des viersitzigen Coupés. Der schon vom RS 4 bekannte Hochdrehzahl-V8 fand dabei seinen Weg auch unter die Motorhaube des RS 5. Er präsentiert sich hier noch einmal leistungsgesteigert auf 450 PS, die mittels 7-Gang-Doppelkupplungsgetriebe und sportlich ausgelegtem Allradantrieb sicher und effizient auf die Straße gebracht werden. Auf Wunsch kann man übrigens die elektronische Begrenzung der Höchstgeschwindigkeit von 250 km/h auf 280 km/h anheben lassen – ohne dass man damit schon die Grenze der Leistungsfähigkeit des RS 5 erreicht hätte ...

Baujahr	2006-2015
Motor-Bauart	V8, V10
Hubraum (cm³)	4163 bis 5204
Leistung (PS/U/min)	420 bei 7800 bis 570 bei 8000
Vmax in (km/h)	301 bis 320
Bauart	Coupé

Audi R8 (42)

Die Strategie von Audi ist darauf abgestellt, früher oder später zum weltgrößten Hersteller von Premiumfahrzeugen aufzusteigen. Mit glasklarer Konsequenz wird diese Zielstellung verfolgt – was auch bedeutet, exklusive automobile Imageträger in die Modellpalette zu integrieren. Mit dem R8 taten die Ingolstädter 2007 diesen Schritt. Der bärenstarke Mittelmotor-Renner sollte aber weniger ein kompromissloser Hochleistungssportwagen sein, sondern vielmehr auch im Alltag und auf Reisen überzeugen. Damit trat er von seinen Fähigkeiten her eher in Konkurrenz zum Porsche 911 – freilich ohne dessen unantastbares Prestige erreichen zu können.

Audi R8 TDI Le Mans

Baujahr	2008
Motor-Bauart	V12
Hubraum (cm³)	5934
Leistung (PS/U/min)	500 bei k.A.
Vmax in (km/h)	325
Bauart	Coupé

Um die Publikumsreaktion zu testen, präsentierte Audi Anfang 2008 auf der North American Auto Show in Detroit eine Dieselversion seines Mittelmotorsportwagens R8, die mit einem Sechsliter-V12-TDI-Triebwerk ausgestattet war und 500 PS sowie ein monströses Drehmoment von 1000 Nm auf die Straße brachte. Mit dieser Motorenvariante sollte der Bogen zum erfolgreichen Sport-Prototyp R10 TDI gespannt werden, der den Dieselmotor erfolgreich im Spitzenrennsport etabliert hatte. Im Sommer 2009 ließ Audi jedoch verlauten, dass der R8 TDI nicht in die Serienproduktion übernommen würde und das Projekt gestoppt sei.

Baujahr	2009-2015
Motor-Bauart	V8, V10
Hubraum (cm³)	4163, 5204
Leistung (PS/U/min)	420 bei 7800 bis 525 bei 8000
Vmax in (km/h)	301 bis 316
Bauart	Roadster

Audi R8 (42) Spyder

Es war nur eine Frage der Zeit, bis vom erfolgreichen Mittelmotor-Coupé R8 auch eine Offenversion präsentiert werden würde. Im September 2009 war es soweit: Zunächst nur mit dem 525 PS starken V10-Triebwerk ausgerüstet, stand der Spyder am Start. Erst später war auch der V8-Motor mit 420 PS lieferbar. Wie schon im Fall des Coupés ist der Spyder weniger als kompromissloser Hochleistungsrenner ausgelegt, sondern vielmehr als zivilisierter Reisesportwagen, der die Nerven seiner Passagiere schont.

Audi R8 (4S) V10 RWD

Ende November 2019 wurde aus dem Sondermodell R8 V10 RWS das Dauermodell R8 V10 RWD als Coupé und Spyder. Grund: Der Hinterradantrieb – abgeguckt beim Race-Modell R8 LMS – stieß bei den Kunden auf viel Gegenliebe. Warum? Zum Beispiel, weil beim RWD und dem Renn-Modell rund 50 Prozent aller Teile gleich sind. Vielleicht liegt es ja auch daran, dass man eigentlich viel Spaß für weniger Geld als bei den quattro-Modellen erhält – das RWD-Modell ist bereits für 144.000 Euro zu haben. Sonst ist der R8 RWD natürlich voll up to date – er trägt wie die Allradmodelle das jüngste Facelift beim Außendesign. Das bedeutet: flacherer und breiterer Grill als vorher in der Modellfamilie, Schlitze unter der Fronthaube, breitere Lufteinlässe und Frontsplitter, aber auch breiteres Luftauslassgitter am Heck. Der Diffusor wurde weiter nach oben gezogen. Im Motorraum wird der Luftfilter von einer neuen Abdeckung versteckt, die wahlweise in Plastik oder Carbon erhältlich ist. Mit 540 PS ist der Motor beim RWD zwar 30 PS schwächer als im Quattro-Modell und 80 PS schwächer als im Quattro-Performance-Topmodell, aber dafür ist das gesamte Auto auch 65 Kilo leichter als so ein Allrad-Coupé. Insgesamt wiegt das Coupé RWD leer 1595 Kilo – da hilft auch die Karosserie aus Aluminium und kohlenstofffaserverstärktem Kunststoff. Das Coupé rennt 324 km/h Spitze, der Spyder ist 4 km/h langsamer.

Baujahr	seit 2019
Motor-Bauart	V10
Hubraum (cm³)	5204
Leistung (PS/U/min)	540 bei 7800
Vmax in (km/h)	324/320
Bauart	Coupé, Spyder

Baujahr	2013-2017
Motor-Bauart	V8-Biturbo
Hubraum (cm³)	3993
Leistung (PS/U/min)	560 bei 6250
Vmax in (km/h)	250
Bauart	Limousine

Audi RS 7 (C7)

Der Audi RS 7 wurde im Jahr 2013 das Spitzenmodell der Baureihe A7. Das Coupé kam gleich mit 560 PS und 700 Nm, was optisch nicht nur dicke Backen erforderte, sondern auch zum Beispiel größere Lufteinlässe. Natürlich war die Technik vom Feinsten – mit V8, Allradantrieb und Achtstufen-Automatik. Obwohl das Auto mehr als zwei Tonnen wog, schaffte es die Kraft, den Wagen in 3,9 Sekunden von 0 auf 100 km/h sprinten zu lassen. Für Entwicklung und Fertigung des Audi RS 7 war die quattro GmbH (ab 2016 umbenannt in Audi Sport GmbH) zuständig. Schon im Herbst 2014 bekam der Luxuswagen ein kleines Facelift, so wurden Front- und Heckschürze nachgeschärft, optional gab es LED-Matrix-Scheinwerfer und ein dynamisches Blinklicht.

Baujahr	2015-2017
Motor-Bauart	V8-Biturbo
Hubraum (cm³)	3993
Leistung (PS/U/min)	605 bei 6800
Vmax in (km/h)	305
Bauart	Limousine

Audi RS 7 performance (C7)

Auf der Los Angeles Auto Show 2015 stellte Audi den 605 PS starken RS 7 performance als Super-Top-RS 7-Modell vor und übertraf damit erstmals die 600-PS-Schwelle. 21-Zoll-Leichtmetallfelgen, eine Sportauspuffanlage und eine kurzzeitige Overboost-Funktion mit 750 statt 700 Nm Drehmoment jagten den Audi nun in 3,7 Sekunden auf 100 km/h. Mit dieser teuersten Ausstattung schaffte der Renner auch 305 km/h Maximalgeschwindigkeit.

Audi RS e-tron GT

Schöne neue Elektro-Welt: Audi legt 2021 mit dem luftgefederten RS e-tron GT, der von je einem E-Motor an Vorder- und Hinterachse befeuert wird, einen fast fünf Meter langen viertürigen Sportler hin, der sich viel Technik mit dem Porsche Taycan teilt. Für die Dauer-Power sind 598 PS zuständig, im Boost dank Launch Control sind es kurzzeitig sogar 646 PS. Der Sprint gelingt in 3,3 Sekunden, die Höchstgeschwindigkeit ist auf 250 km/h elektronisch begrenzt. Serie beim RS-Modell ist besonderer Sport-Sound außen und innen. Preis: 138.200 Euro. Dem mit 476 PS schwächeren Basismodell namens e-tron GT quattro weist Audi eine Reichweite von 488 Kilometer nach WLTP zu.

Baujahr	seit 2021
Motor-Bauart	zwei E-Motoren
Hubraum (cm³)	entfällt
Leistung (PS/U/min)	598
Vmax in (km/h)	250
Bauart	Limousine

Bitter CD

Erich Bitter aus Schwelm bei Wuppertal erfüllte sich seinen Traum. Der frühere Rennfahrer lancierte 1973 mit dem Bitter CD ein außergewöhnlich elegant geformtes 2+2-sitziges Luxuscoupé, dessen Technik von Opel geliefert wurde. Unter der Haube fand sich der gut 5,3 Liter große GM-V8 aus dem Edel-Opel „Diplomat“. All das machte gehörigen Eindruck, genügte aber letztlich nicht, um der Marke Bitter eigene dauerhafte Identität zu geben. Nach immerhin etwa siebenjähriger Bauzeit wurde der CD vom Nachfolgemodell SC abgelöst.

Baujahr	1973-1979
Motor-Bauart	V8
Hubraum (cm^3)	5354
Leistung (PS/U/min)	230 bei 4700
Vmax in (km/h)	210
Bauart	Coupé

Bitter SC

Der 1981 unter erheblichen Geburtswehen von Erich Bitter auf den Markt gebrachte Nachfolger des eleganten CD bediente sich wieder bewährter Opel-Technik, diesmal stand die Senator/Omega-Baureihe Pate. So begeisternd die Linienführung des 2+2-sitzigen Coupés auch war, so problematisch war die Qualität der Ausführung und Verarbeitung des nicht gerade billigen SC. Erst der Wechsel der Fertigung zu Steyr in Österreich brachte ein akzeptables Verarbeitungsniveau. Dies alles hielt den nimmermüden Bitter indes nicht davon ab, hochfliegende Pläne für den US-Markt zu schmieden und sich mit weiteren Versionen des SC als Cabrio, Viertürer und mit Vierradantrieb zu beschäftigen. Das Mitte der achtziger Jahre dramatisch gescheiterte US-Engagement beendete dann zeitweilig Bitters Dasein als Automobilproduzent.

Baujahr	1981-1986
Motor-Bauart	Sechszylinder (Reihe)
Hubraum (cm^3)	2968, 3849
Leistung (PS/U/min)	180 bei 5800, 210 bei 5100
Vmax in (km/h)	200 bis 225
Bauart	Coupé, Cabriolet, Limousine

BMW 507

BMWs Antwort auf den Mercedes-Benz 300 SL bekam die Typbezeichnung 507 und wurde noch seltener verkauft als der parallel gebaute 503 – eigentlich unverständlich, denn stilistisch und technisch brauchte er sich wahrlich nicht hinter dem Super-Benz zu verstecken. Freilich fehlten ihm im direkten Vergleich 65 PS und die verlockende Aura großartiger Motorsporterfolge – schon damals ein probates Verkaufsargument.

Baujahr	1955-1959
Motor-Bauart	V8
Hubraum (cm³)	3168
Leistung (PS/U/min)	150 oder 160 bei 5000
Vmax in (km/h)	200 bis 220
Bauart	Cabriolet

Baujahr	1956-1959
Motor-Bauart	V8
Hubraum (cm³)	3168
Leistung (PS/U/min)	140 bei 4800, 150 bei 5000
Vmax in (km/h)	190
Bauart	Coupé, Cabriolet

BMW 503 Coupé und Cabriolet

Gedacht als sportlich-elegante Ergänzung des lückenhaften Modellprogramms erwies sich der von Albrecht Graf Goertz äußerst schlicht gezeichnete „503" als echter Flop. Trotz Achtzylindermotor, exquisiter Ausstattung und Aluminiumkarosserie konnte der riesige Wagen in vier Produktionsjahren nicht mehr als 413 Käufer von seinen Qualitäten überzeugen. Heute freilich steht er schon wegen seiner Seltenheit bei BMW-Enthusiasten hoch im Kurs.

Baujahr	1961-1965
Motor-Bauart	V8
Hubraum (cm³)	3168
Leistung (PS/U/min)	160 bei 5600
Vmax in (km/h)	200
Bauart	Coupé

BMW 3200 CS

Bertone führte den Zeichenstift bei der Formgebung des 503-Erben „3200 CS". Ebenso wie sein Vorgänger wirkte er trotz der Verwendung BMW-typischer Stilmerkmale etwas betulich. Die überzeugende Linie eines viersitzigen Coupés wollte sich nicht recht einstellen. Unter der Haube hatte sich auch nicht viel getan: Der 3,2-Liter-V8 leistete mittlerweile 160 PS, die für angemessene, nicht aber wirklich gute Fahrleistungen sorgten. Das alte Münchner Coupé-Konzept war nach 10 Jahren relativer Erfolglosigkeit definitiv gescheitert.

BMW 2000 C und 2000 CS

Das auf der technischen Basis der „Neue Klasse"-Limousinen basierende Coupé positionierte BMW – im Unterschied zu früheren Zeiten – in vergleichsweise bürgerlichen Preisregionen. Die unkonventionelle Linienführung des neuen 2+2-Sitzers sorgte gleichwohl für unterschiedliche Meinungen. Der Zweiliter-Vierzylindermotor war in zwei Leistungsstufen erhältlich, mit 100 und 120 PS, was Mitte der 60er Jahre für durchaus sportliche Fahrleistungswerte sorgte. Das überaus positive Image der Limousinen, das für BMW markenprägend sein sollte, sprang auf die Coupés zunächst noch nicht über – das geschah erst mit den Sechszylinderversionen der Reihe 2800 CS & Co. ab 1968.

Baujahr	1965-1970
Motor-Bauart	Vierzylinder (Reihe)
Hubraum (cm³)	1990
Leistung (PS/U/min)	100 bei 5500, 120 bei 5500
Vmax in (km/h)	168 bis 185
Bauart	Coupé

BMW 2000 (2000, 2000 TI, 2000 tilux, 2000 tii („Neue Klasse", Werkscode E1)

Die Spitzenmodelle der seinerzeit schon etablierten „Neuen Klasse" hatten ein Facelifting an Front und Heck erhalten. In der tii-Version mit mechanischer Benzineinspritzung zerrten satte 130 PS am Antriebsstrang. Das mehr auf Komfort ausgelegte tilux-Modell leistete 10 PS weniger. Als Alfa-Alternative waren diese Fahrzeuge stets ein guter Tipp, wenngleich sie heute kaum mehr zu finden sind.

Baujahr	1966-1972
Motor-Bauart	Vierzylinder (Reihe)
Hubraum (cm³)	1990
Leistung (PS/U/min)	100 bei 5500, 130 bei 5800
Vmax in (km/h)	164 bis 185
Bauart	Limousine

Baujahr	1967-1968
Motor-Bauart	Vierzylinder (Reihe)
Hubraum (cm³)	1573
Leistung (PS/U/min)	105 bei 6000
Vmax in (km/h)	185
Bauart	Coupé

BMW 1600 GT

Nach der Glas-Übernahme durch den wiedererstarkten bayerischen Erzkonkurrenten BMW, blieb in der Modellpalette kaum etwas vom Dingolfinger Erbe übrig. Der Vierzylinder-Sportwagen schien der Münchner Marketingabteilung allerdings erhaltenswert. Im Sinne der Rationalisierung gab es eine technische Anlehnung an den BMW 1600 TI, dessen Motor, Getriebe und Hinterachse der nun BMW 1600 GT genannte Wagen übernahm.

Baujahr	1968-1975
Motor-Bauart	Sechszylinder (Reihe)
Hubraum (cm³)	2494 bis 3153
Leistung (PS/U/min)	150 bei 6000 bis 206 bei 5600
Vmax in (km/h)	201 bis 220
Bauart	Coupé

BMW CS (2800 CS, 3,0 CS, 3,0 CSL, 3,0 CSi, 2,5 CS)

Erst mit der Sechszylindermotorisierung der Coupé-Baureihe wurde diese ein Erfolg. Zusammen mit einigen tiefgreifenden Karosserieretuschen entstand so ein echter 2+2-sitziger GT von internationaler Klasse. Das sportliche Image rührte nicht zuletzt von den Erfolgen der Renncoupés her, die renommierte BMW-Tuner wie Alpina oder Schnitzer auf den Rennstrecken Europas mit großem Erfolg zum Einsatz brachten.

BMW 2002 turbo

Da hatten sich die Münchner Marketingstrategen verkalkuliert: Der 2002 turbo passte so gar nicht in die Zeit der ersten Ölkrise mit ihren Sonntagsfahrverboten. Aggressive Optik, hohe Leistung bei hohem Verbrauch und die noch unausgegorene Turbo-Technik der frühen Jahre ließen den 2002 turbo so schnell wieder aus den Verkaufskatalogen verschwinden, wie er gekommen war – ein klassischer Fehlschlag, wenn auch ohne schwerwiegende Folgen für BMW.

Baujahr	1973-1974
Motor-Bauart	Vierzylinder-Turbo (Reihe)
Hubraum (cm^3)	1990
Leistung (PS/U/min)	170 bei 5800
Vmax in (km/h)	211
Bauart	Limousine

BMW 6er-Reihe, Werkscode E24 (628 CSi, 630 CS, 633 CSi, 635 CSi, M 635 CSi)

Das Nachfolgemodell des klassischen BMW-Coupés ist längst zum Liebhaberfahrzeug geworden. Weniger kompakt in der Formgebung bot es mehr Komfort und ein weitaus besseres Raumangebot. Die Motorenpalette blieb im Prinzip erhalten, bekam jedoch ein Spitzenaggregat mit knapp 3,3 Litern Hubraum und Benzineinspritzung, später folgten noch 3,5-Liter- und Vierventilversionen.

Baujahr	1975-1989
Motor-Bauart	Sechszylinder (Reihe)
Hubraum (cm³)	2788 bis 3453
Leistung (PS/U/min)	184 bei 5800 bis 286 bei 6500
Vmax in (km/h)	200 bis 255
Bauart	Coupé

BMW 6er Coupé (E63)

Fast 15 Jahre hatte man auf eine Neuauflage der BMW 6er Serie warten müssen, nachdem die alte 1989 ausgelaufen war. Die Rolle des klassischen 2+2-sitzigen Gran Turismo hatten in der Zwischenzeit die mit Acht- und Zwölfzylindermotoren ausgerüsteten Coupés der 8er Reihe eingenommen. Das 2003 neu präsentierte 6er Coupé mit dem Typencode E63 sollte nun Elemente des alten 6ers und des 8ers miteinander vereinen und zur Geltung bringen. Bei aller Klasse der technischen Spezifikation und Ausführung polarisierte jedoch das Karosseriedesign des neuen Modells. Auch die selbstbewusste Preisgestaltung sorgte dafür, dass der 6er eine relativ seltene Erscheinung auf den Straßen blieb.

Baujahr	2003-2010
Motor-Bauart	V8, V10
Hubraum (cm³)	2996 bis 4999
Leistung (PS/U/min)	258 bei 6600 bis 507 bei 7750
Vmax in (km/h)	250
Bauart	Coupé

Baujahr	2005-2010
Motor-Bauart	V10
Hubraum (cm³)	4999
Leistung (PS/U/min)	507 bei 7750
Vmax in (km/h)	250
Bauart	Coupé, Cabriolet

BMW M6 (E63/E64)

Ein paar Monate nach dem M5 folgte der M6 – zunächst als Coupé – mit demselben V10 wie im Fünfer. Jeder Zylinder des 507 PS starken Triebwerks besaß eine eigene Drosselklappe, jede Zylinderbank hatte einen eigenen Luftfilter. Das Cabrio mit ganz ähnlichen technischen Daten kam ein Jahr später auf den Markt. Das Fahrwerk konnte per Knopfdruck angepasst werden. Das Coupé-Dach bestand aus Kohlefaser, was vor allem den Schwerpunkt des Fahrzeugs senkte. Der Fahrer konnte sein Sportgerät auf vielfältige Weise individuell abstimmen: Die Stoßdämpfer ließen sich in „Komfort", „Normal" und „Sport" einstellen; auch die Schaltgeschwindigkeit des Siebengang-SMG ließ sich verändern. Sportlich ambitionierte Fahrer konnten die Stabilitätskontrolle abschalten oder auf eingeschränkte Arbeit einstellen. Normalerweise war bei 250 km/h Spitze Schluss – wer aber einen Fahrerlehrgang bei BMW für 2350 Euro absolvierte, durfte dank elektronischer Freischaltung mit seinem Wagen bis zu 305 km/h schnell sein. Insgesamt wurden gut 14.000 M6 der Baureihe E63 gebaut, davon etwa 9000 Coupés und 5000 Cabrios. Das M6 Cabrio stand für rund 131.000 Euro in der Liste.

BMW 6er Cabrio (E64)

Baujahr	2004+2010
Motor-Bauart	Sechszylinder (Reihe), V8, V10
Hubraum (cm³)	2996 bis 4999
Leistung (PS/U/min)	272 bei 6700 bis 507 bei 7750
Vmax in (km/h)	250
Bauart	Cabriolet

Noch mehr trifft das eben Gesagte auf das 6er Cabrio zu, das mit einem traditionellen Stoffdach statt einem klappbaren Hardtop ausgestattet ist. Immerhin ist es die erste vom Werk realisierte Cabrio-Version eines großen BMW-Coupés seit dem 503 von 1955. Die Spitzenmotorisierung bildet wie beim Coupé ein knapp 5 Liter großer V10 mit 507 PS – das Zwölfzylinder-Triebwerk des 850 i mit seinen stattlichen Verbrauchswerten (aber auch unerreichter Laufkultur) war einfach nicht mehr zeitgemäß. Mit Einstandspreisen von bis zu 90.000 Euro lebt das 6er Cabrio in einer sehr kleinen Marktnische mit überschaubarem Kundenkreis.

Baujahr	1978-1981
Motor-Bauart	Sechszylinder (Reihe)
Hubraum (cm³)	3453
Leistung (PS/U/min)	277 bei 6600
Vmax in (km/h)	262
Bauart	Coupé

BMW M1 (E26)

Ein neuer Supersportwagen betrat 1978 die Bühne. Der M1 war BMWs erster tastender Versuch in diesem bislang ungewohnten Marktsegment. Geburtswehen hatte es dabei zur Genüge gegeben: Eigentlich sollte die geplante Auflage von 450 Stück bei Lamborghini gefertigt werden. Die seinerzeit finanziell stets schwache italienische Edelschmiede zog sich allerdings kurz vor Serienanlauf aus dem Projekt zurück. Die Kleinserie wurde schließlich beim bekannten BMW-Partner Baur in Stuttgart aufgelegt. Motorisiert war der M1 mit dem 277 PS starken 24-Ventil-Triebwerk aus dem M 635CSi. Die letzten M1 standen wie Blei bei den BMW-Händlern und wurden am Ende mit massiven Preisnachlässen verkauft. Heute sind die überlebenden Fahrzeuge gesuchte und teure Sammlerstücke.

BMW M535i (E28)

Nachdem die BMW M GmbH mit ihrer ersten selbstentwickelten Sportlimousine, dem M535i von 1979 mit dem Baureihencode E12/1S, großen Erfolg hatte, lieferte sie mit dem E28 in M-Version den Nachfolger im Jahr 1984. Es handelte sich allerdings nur um eine aufgerüstete Serienlimousine, die nicht an den gleichzeitig präsentierten M5 herankam. Sie war aerodynamisch optimiert, und für Schaltfaule gab es auch eine Automatikversion. Ohne Kat kam das Auto auf maximal 218 PS.

Baujahr	1984-1987
Motor-Bauart	Sechszylinder (Reihe)
Hubraum (cm³)	3430
Leistung (PS/U/min)	218 bei 5500
Vmax in (km/h)	227
Bauart	Limousine

Baujahr	1988-1995
Motor-Bauart	Sechszylinder (Reihe)
Hubraum (cm³)	3535, 3795
Leistung (PS/U/min)	315 bei 6900 bis 340 bei 6900
Vmax in (km/h)	250
Bauart	Limousine, Kombi

BMW 5er M5 (E34)

Wem die Leistungsfähigkeit der normalen Triebwerkspalette der 5er Reihe nicht ausreichte, dem bot BMW ab 1988 die Hochleistungsversion M5 an. Sie war äußerlich nur mit Kennerblick von den Standardmodellen zu unterscheiden, verfügte aber über den zunächst 3,6, später 3,8 Liter großen 24-Ventil-Reihensechszylinder. Mit 315 bzw. 340 PS stellte diese M5-Generation bis Mitte der 90er Jahre das Topangebot in dieser Marktnische dar. Ähnlich konzipierte Sport-Modelle von Mercedes-Benz (AMG) und Audi (S/RS) zeigten sich deutlich weniger ausgewogen in ihren Talenten und konnten dem M5 nicht wirklich nahe kommen.

BMW M5 (E60)

Die M-Version der letzten 5er BMW Limousine erblickte 2005 das Licht der Welt. Inspiriert von der derzeitigen Formel-1-Technologie wurde ein hochdrehendes V10-Triebwerk in den Motorraum des mittelgroßen Viertürers gequetscht. Dieser Sportmotor reinsten Wassers verfügt über 5 Liter Hubraum und stellt beeindruckende 507 Pferdestärken bereit. Erkennbare, aber eher dezent gehaltene sportliche Akzente machen die Limousine zu einem Understatement-Mobil ersten Ranges, das seinen Fahrern mit der spezifischen Geräuschkulisse des hoch drehenden V10-Motors ständig eine Gänsehaut auf den Rücken zaubert.

Baujahr	2005-2011
Motor-Bauart	V10
Hubraum (cm³)	4999
Leistung (PS/U/min)	507 bei 7750
Vmax in (km/h)	250
Bauart	Limousine

BMW M5 (F10)

Mit der neuen M5-Generation von 2011 vollzieht BMW einen erneuten Wechsel der Triebwerksphilosophie. Nach dem Auslaufen des klassischen 24-V-Reihensechszylinders, zuletzt 340 PS stark, des darauf folgenden V8 mit 400 PS sowie des 507 PS starken V10-Motors, kommt im M5 nun ein weniger komplizierter, sparsamerer und erheblich drehmomentstärkerer, neu konstruierter Twin-Turbo-V8 mit 560 PS zum Einsatz. Die damit möglichen Fahrleistungen des Viertürers gereichen selbst einem Supersportwagen zur Ehre. Nach Auslaufen des Audi RS 6 hält BMW damit wieder die Leistungskrone in diesem Segment.

Baujahr	2011-2016
Motor-Bauart	V8 Biturbo
Hubraum (cm^3)	4395
Leistung (PS/U/min)	560 bei 7000
Vmax in (km/h)	250
Bauart	Limousine

BMW M5 xDrive (F90)

Kurz nach dem neuen Fünfer-BMW schob die M GmbH ihre hochgezüchtete Version nach, den M5 (intern F90), der Anfang 2018 auf den Markt kam – mit vollen 600 PS sowie 750 Nm und erstmals mit Allradantrieb. Die Kraft bringt eine Achtgangautomatik zu den Rädern. Trotz der massiven Technik wurde die viertürige Limousine 15 Kilo leichter als der Vorgänger – es bleiben aber immer noch knapp zwei Tonnen Gewicht übrig. Der Prestige-Sprint gelingt trotzdem in 3,4 Sekunden, nach 11,1 Sekunden steht die Tachonadel bei Tempo 200. 250 km/h Spitze ist Serie, eine Freischaltung auf 305 km/h möglich.

Baujahr	seit 2017
Motor-Bauart	V8-Biturbo
Hubraum (cm³)	4395
Leistung (PS/U/min)	600 bei 6700
Vmax in (km/h)	250
Bauart	Limousine

Baujahr	seit 2017
Motor-Bauart	V8-Biturbo
Hubraum (cm³)	4395
Leistung (PS/U/min)	625 bei 6000
Vmax in (km/h)	250
Bauart	Limousine

BMW M5 Competition xDrive (F90)

2018 powert die M GmbH den Competition xDrive, der als Spitzenmodell 625 PS auf die Straße bringt – natürlich mit Allradantrieb. Für die Höchstgeschwindigkeit gilt dasselbe wie beim M5, der Sprint auf 100 km/h gelingt dagegen etwas schneller als bei der Basis mit 3,3 Sekunden und in 10,8 Sekunden sind die 200 km/h erreicht. Das Fahrwerk wurde überarbeitet, exklusive Lackierungen sind selbstredend.

Baujahr	seit 2021
Motor-Bauart	V8-Biturbo
Hubraum (cm³)	4395
Leistung (PS/U/min)	635 bei 6000
Vmax in (km/h)	305
Bauart	Limousine

BMW M5 CS (F90)

Mit dem M5 CS führt BMW seine besonders sportliche CS-Reihe fort – vier Passagiere können in drei Sekunden auf 100 km/h sprinten dank des Biturbo-V8, der im CS satte 635 PS und 750 Nm zur Verfügung stellt. Nach 10,3 Sekunden sind 200 km/h erreicht. Der Wagen ist 305 km/h schnell – abgeregelt. Dem Fahrer steht es frei, den serienmäßigen Allradantrieb auf reinen Hinterradantrieb umzustellen. „Konsequenter Leichtbau" soll im Vergleich zum M5 Competition 70 Kilo eingespart haben – trotzdem wiegt die Limousine immer noch gut 1,8 Tonnen nach DIN, sogar 1,9 Tonnen nach EU. Und so exklusives, schnelles Reisen hat auch zudem seinen Preis: Die Liste beginnt mit 180.400 Euro …

BMW M Power

BMW M3 (E30S)

Schon von Weitem war der M3 zu erkennen: Dicke Kotflügelbacken und ein auffälliger Heckspoiler deuteten nicht nur an, wofür der neue Kraft-3er unter anderem auch gedacht war – er sollte als Basisfahrzeug für den internationalen Tourenwagensport dienen. Sein 2,3 Liter großer Vierzylinder war mit einem Vierventil-Zylinderkopf ausgerüstet, der dem kleinsten Spross der M-Modelle zu knapp 200 PS verhalf. Auch sonst zeigte sich der M3 von seiner besten Seite: sportlich-komfortable Ausstattung, exzellente Fahreigenschaften und robuste Technik trotz ungewöhnlich hoher Leistungswerte.

Baujahr	1986-1991
Motor-Bauart	Vierzylinder (Reihe)
Hubraum (cm³)	2302
Leistung (PS/U/min)	195 bei 6750 bis 215 bei 6750
Vmax in (km/h)	228 bis 241
Bauart	Limousine, Cabriolet

Baujahr	1992-1999
Motor-Bauart	Sechszylinder (Reihe)
Hubraum (cm³)	2990 bis 3246
Leistung (PS/U/min)	286 bei 7000 bis 321 bei 7400
Vmax in (km/h)	250
Bauart	Limousine, Coupé, Cabrio

BMW 3er M3 (E36)

Einen Quantensprung markierte die Hochleistungsvariante M3 der E36-Serie, die 1992 auf den Markt kam. Anstelle des bisherigen Vierventil-Vierzylinders des E30-M3 fand sich nun ein satte 286 PS leistender Sechszylinder mit 24 Ventilen unter der Motorhaube. Das faszinierende Triebwerk verlieh dem mit einem optimierten Fahrwerk versehenen 3er die sprichwörtlichen Flügel. 1993 und 1994 gesellten sich erstmals eine viertürige Version bzw. wieder ein Cabrio hinzu. 1996 folgte dann schließlich noch eine Hubraumaufstockung auf 3,2 Liter samt entsprechender PS-Spritze auf nunmehr 321 Pferdestärken. Hier stand BMW nahezu allein auf weiter Flur.

BMW M3 (E46/2S)

Selbstverständlich verlangte auch die E46-Baureihe nach einem M3 und prompt wurde er im Jahr 2000 nachgereicht. Diesmal beschränkte sich BMW auf die gezielte Weiterentwicklung des im E36 verwirklichten Konzepts. Der 3,2-Liter-Reihensechszylinder war als echtes Hochdrehzahl-Triebwerk ausgelegt, mit einer Nenndrehzahl von 7900/min, bei denen 343 PS anlagen. Die Literleistung des 24-Ventilers lag bei deutlich über 100 PS – ein stolzer Wert für einen Saugmotor. In Kombination mit dem entsprechend aufgewerteten Fahrwerk waren Fahrwerte zu erreichen, die denen eines Porsche 911 nahe kamen. Interessierte Kunden konnten wie gewohnt den M3 auch als Cabrio ordern.

Baujahr	2000-2006
Motor-Bauart	Sechszylinder (Reihe)
Hubraum (cm^3)	3246
Leistung (PS/U/min)	343 bei 7900
Vmax in (km/h)	250
Bauart	Limousine, Limousine, Cabrio

Baujahr	2003-2007
Motor-Bauart	Sechszylinder (Reihe)
Hubraum (cm³)	3246
Leistung (PS/U/min)	360 bei 8000
Vmax in (km/h)	250
Bauart	Limousine

BMW M3 CSL (E46/2CS)

Eine besonders sportliche Version des ohnehin schon bärenstarken M3 brachte BMW 2003 in limitierter Auflage auf den Markt: den M3 CSL. Der legendäre Namenszusatz aus den 70er Jahren stand auch hier für „Coupé Sport Leichtbau“. Der M3 zeigte sich dementsprechend nachgeschärft mit auf 360 PS gesteigerter Motorleistung und unter die 1400-Kilo-Marke gedrücktem Gewicht. Der Einsatz von Kohlefaserteilen und eine Reduktion von Komfortextras ließen den CSL zu einem echten Konkurrenten etwa für den Porsche 911 GT3 werden. Nach etwas über 1300 verkauften Exemplaren stellte BMW die Produktion des CSL ein.

Baujahr	2007-2013
Motor-Bauart	V8
Hubraum (cm³)	3999
Leistung (PS/U/min)	420 bei 8300
Vmax in (km/h)	250
Bauart	Coupé, Limousine, Cabriolet

BMW M3 (E92)

Die M3-Version der Baureihe E92 kam 2007 in gleich drei Varianten in den Verkauf: als Limousine, als Coupé und als Cabrio; Letzteres wartete mit einem faltbaren Blechdach auf wie auch die normalen 3er Cabrios der neuen Generation. Durch den Einsatz eines hochdrehenden Vierliter-V8-Motors stieg die Leistung des M3 auf stattliche 420 PS, zugleich bemühte sich BMW um eine Optimierung des Fahrzeuggewichts, das im Fall des zweitürigen Coupés doch immerhin 1655 Kilo betrug. Der Achtzylinder entspricht in seiner Konstruktion übrigens dem Hochleistungs-V10 des M5 der Baureihe E65.

BMW M3 GTS (E92)

Der Nachfolger des M3 CSL der Baureihe E46 kam Ende 2009 unter dem neuen Namenszusatz GTS auf den Markt. Der Wagen war noch deutlich stärker auf die Erfordernisse eines Motorsporteinsatzes abgestimmt. Sein auf 4,4 Liter vergrößerter V8 stellte nun 450 PS zur Verfügung und das Gewicht war weiter auf 1530 Kilo abgespeckt worden. Von einer Serienproduktion im eigentlichen Sinne kann bei dieser hochspezialisierten M3-Version nicht mehr gesprochen werden: Die Fahrzeuge werden individuell auf Kundenbestellung bei der BMW Motorsport Manufaktur M GmbH gefertigt und anschließend per Einzelabnahme für den Straßenverkehr zugelassen.

Baujahr	2009-2010
Motor-Bauart	V8
Hubraum (cm³)	4361
Leistung (PS/U/min)	450 bei 8300
Vmax in (km/h)	305
Bauart	Coupé

Baujahr	seit 2021
Motor-Bauart	Sechszylinder-Biturbo (Reihe)
Hubraum (cm³)	2993
Leistung (PS/U/min)	510 bei 6250
Vmax in (km/h)	290
Bauart	Limousine, Kombi

BMW M3 Competition (G80)

Auch er neue M3 darf wieder als „Super-M" auf die Straße, bei BMW „Competition" genannt. Die „Competition"-Modelle kommen gleich mit 510 PS und 650 Nm – was das Modell zum stärksten M3 aller Zeiten macht. Wie üblich ist das Fahrwerk der neuen Kraft angepasst, die Räder sind größer als beim M3. Wie bereits bei der Vorgängergeneration F80, glichen die Designer die Optik des viertürigen M3 an jene des M4 an, was zum Leidwesen vieler Fans auch den skurril großen Nierengrill betraf – laut Hersteller eine unverzichtbare Maßnahme, um die Luftversorgung und damit die Leistung des Triebwerks sicherzustellen. Immerhin ist der M3 ab Werk für 290 km/h Spitze freigeschaltet.

Um die Kraft noch besser auf die Straße zu bringen, folgte ab Juli 2021 für die M3/M4 Competition-Versionen erstmals das M-spezifische Allradsystem. Dieses modifizierte xDrive-System verteilt dabei die 510 PS des Sechszylinders mit rennsport-orientierter Dynamik jederzeit im idealen Verhältnis zwischen Vorder- und Hinterachse – zugunsten „einer nochmaligen Steigerung von Dynamik, Agilität und Präzision", wie der Hersteller verspricht.

BMW M3 (G80)

Die siebte Generation des BMW M3, vorgestellt im September 2020, kommt erstmals nicht nur als Limousine, sondern auch als Kombi. Ebenso neu ist, dass man das Kultauto später auch als Allradler kaufen kann. Die Torsionssteifigkeit kann gegenüber dem Vorgängermodell um 20 Prozent gesteigert werden. Motorhaube, Heckklappe und Kotflügel bestehen aus Aluminium, was trotz der größeren Abmessungen zu 55 Kilo weniger Masse führt. Das M-Sportfahrwerk hat ein elektronisch geregeltes Sportdifferenzial mit variabler Sperrwirkung im Hinterachsgetriebe sowie eine „M Sportbremsanlage". Der M3 verfügt über 480 PS und 550 Nm, sein Top-Tempo ist auf 250 km/h begrenzt. Preis: 82.500 Euro.

Baujahr	seit 2021
Motor-Bauart	Sechszylinder-Biturbo (Reihe)
Hubraum (cm^3)	2993
Leistung (PS/U/min)	480 bei 6250
Vmax in (km/h)	250
Bauart	Limousine, Kombi

BMW Z1 (E30 Z)

Das erste Z-Modell von BMW verursachte bei seiner Markteinführung 1988 eine wahre Kaufhysterie. Kein Wunder, war doch die technische Konzeption des bildhübschen Roadsters außergewöhnlich aufwendig. Unter der Kunststoffhaut nahm eine selbsttragende Stahlblechstruktur alle technischen Komponenten auf, darunter den 2,5 Liter großen Sechszylinder mit 170 PS. Witzig, aber recht unpraktisch waren die elektrisch versenkbaren Türen. Die anfängliche Begeisterung für den Z1 wich bald nüchterner Bewertung seiner Alltagstauglichkeit. Das Ergebnis war eine Produktionsdauer von nur knapp vier Jahren und 8000 hergestellte Exemplare.

Baujahr	1988-1991
Motor-Bauart	Sechszylinder (Reihe)
Hubraum (cm³)	2494
Leistung (PS/U/min)	170 bei 5800
Vmax in (km/h)	220
Bauart	Roadster

Baujahr	1989-1993
Motor-Bauart	V8, V12
Hubraum (cm³)	3982, 4988
Leistung (PS/U/min)	286 bei 5800 bis 380 bei 5500
Vmax in (km/h)	250
Bauart	Coupé

BMW 850 i, 850 CSi, 850 Ci, 840 Ci (E31)

Das 1989 vorgestellte 2+2-sitzige Coupé war mit seinem Fünfliter-Zwölfzylinder und 300 PS in einem deutlich höheren Marktsegment angesiedelt als die alte 6er Coupé-Baureihe, die im gleichen Jahr ausgelaufen war. Der 8er schuf sich mit seiner eleganten Erscheinung und höchst kultivierten Sportlichkeit sofort zahlreiche Freunde. Im Laufe der Jahre gab es zwei bedeutende Ausweitungen des Motorenangebots: zum einen nach unten mit dem Vierliter-Achtzylinder als 840 und nach oben mit einer sportlich geschärften 850 CSi-Version und stolzen 380 PS. Letztere blieb sehr selten und stellt bis heute eine Art Quintessenz der Coupé-Kultur von BMW dar.

Baujahr	1995-2002
Motor-Bauart	Vierzylinder (Reihe), Sechszylinder Reihe)
Hubraum (cm³)	1796 bis 3246
Leistung (PS/U/min)	115 bei 5500 bis 321 bei 7400
Vmax in (km/h)	190 bis 250
Bauart	Cabrio

BMW Z3 (E36/7)

Mitte der 90er Jahre war die Wiederauferstehung des kompakten Cabrios bereits im vollen Gange. Inspiriert vom Mazda MX-5 hatten Firmen wie Fiat, MG, aber auch Mercedes-Benz attraktive offene Sportwagen in der Klasse um 2 Liter Hubraum im Angebot. 1996 stieß BMW mit dem in den USA produzierten Z3 dazu. Dessen Motorenpalette war wesentlich weiter gespreizt als bei den Konkurrenzprodukten: Vom 115 PS starken 1,8-Liter-Vierzylinder reichte sie über den 1996 eingeführten 2,8-Liter-Sechszylinder bis zum brachialen 3,2-Liter des Z3 M mit 321 PS.

Baujahr	1998-2002
Motor-Bauart	Sechszylinder (Reihe)
Hubraum (cm³)	3201, 3246
Leistung (PS/U/min)	321 bei 7400 bis 325 bei 7400
Vmax in (km/h)	250
Bauart	Coupé

BMW Z3 M Coupé (E36/8S)

Das Z3 Coupé war ein ungewöhnliches Nischenprodukt neben dem erfolgreichen Roadster. Das knappe Platzangebot der offenen Version wurde durch das Coupéheck nicht nennenswert üppiger, der Alltagsnutzwert des Modells blieb deshalb bescheiden. Punkten konnte das Z3 Coupé – von den Fans liebevoll auch als „Elefantenrollschuh" bezeichnet – jedoch mit seiner knackigen Optik und im Fall der M-Version exzellenten Fahrleistungen, die dank der steiferen Karosse auch unproblematischer abgerufen werden konnten. Als eine Art moderner „Hot Rod" genießt das besonders dickbackige M Coupé bereits Kultstatus.

Baujahr	1999-2003
Motor-Bauart	V8
Hubraum (cm³)	4941
Leistung (PS/U/min)	400 bei 6600
Vmax in (km/h)	250
Bauart	Cabrio

BMW Z8 (E52)

Mit dem nur vier Jahre lang produzierten Supersportwagen Z8 gelang BMW ein echtes Meisterwerk, das heute ein ebenso teures wie gesuchtes Sammlerobjekt darstellt. Der im Jahr 2000 vorgestellte Z8 sollte an den legendären BMW 507 aus den 50er Jahren erinnern und begeisterte durch seine attraktive Optik außen wie innen. Motorisiert war er mit dem auf 400 PS gebrachten, knapp 5 Liter großen V8, der dem vergleichsweise leichtgewichtigen Z8 fabelhafte Fahrleistungswerte ermöglichte. Die handwerkliche Fertigung und die exklusive Spezifikation des Cabrios machten es zu einem Spielzeug für echte Besserverdiener: Bei Markteinführung waren für einen Z8 235.000 D-Mark zu berappen.

Baujahr	2002-2009
Motor-Bauart	Vierzylinder (Reihe), Sechszylinder (Reihe)
Hubraum (cm³)	1995, 2171, 2497, 2979, 2996
Leistung (PS/U/min)	150 bei 6200 bis 265 bei 6600
Vmax in (km/h)	210 bis 250
Bauart	Cabrio

BMW Z4 (E85)

Die Nachfolgebaureihe des Z3 zeigte sich deutlich erwachsener – aber auch kontroverser in der Formgebung, die sich an der umstrittenen BMW-Designlinie mit ihren Sicken und Kanten orientierte. Eine Offenbarung waren die Fahreigenschaften und natürlich die legendären Reihensechszylindermotoren. Als Einstiegsmodell fungierte ein Zweiliter-Vierzylinder mit 150 PS. Ab 2006 war auch vom Z4 eine Coupé-Version verfügbar, wie beim Vorgängermodell jedoch nur mit den beiden leistungsstärksten Sechszylindern, einem 265 PS starken Dreiliter und dem legendären 3,2 Liter großen M-Triebwerk.

Baujahr	2006-2008
Motor-Bauart	Sechszylinder (Reihe)
Hubraum (cm³)	3246
Leistung (PS/U/min)	343 bei 7900
Vmax in (km/h)	250
Bauart	Coupé

BMW Z4 M Coupé (E86)

Das Vorgängermodell schien BMW so viel Freude gemacht zu haben, dass auch der Z4 Roadster eine Coupéversion zur Seite gestellt bekam. Die technischen Spezifikationen entsprachen wiederum den Offenvarianten. Mit seinem 343 PS starken Reihensechszylindermotor, der vom M3 übernommen wurde, bot vor allem die M-Version ein enormes Fahrleistungspotenzial. Das Z4 M Coupé war nur von 2006 bis 2008 auf dem Markt und die sehr kantige Linienführung hatte eine etwas spröde Ausstrahlung.

BMW Z4 (E89)

Die aktuelle Z4-Generation E89 ordnete die Angebotspalette der kompakten Sportwagen bei BMW neu. Statt Cabrio und Coupé gibt es jetzt nur noch eine Version mit versenkbarem Blechdach. Die Platzverhältnisse haben dadurch nicht wirklich gewonnen, aber die rundlichere, muskulösere Formgebung der zweiten Z4-Generation kamen ohne Frage besser beim Publikum an. Eine M-Version wurde nie umgesetzt, was aber angesichts des Leistungspotenzials der Spitzenmotorisierung mit einem drei Liter großen Doppelturbo-Reihensechszylinder und 340 PS verschmerzbar war.

Baujahr	2009-2016
Motor-Bauart	Vier- und Sechszylinder (Reihe)
Hubraum (cm³)	1997, 2497, 2979, 2996
Leistung (PS/U/min)	184 bei 6250 bis 340 bei 5900
Vmax in (km/h)	220 bis 250
Bauart	Coupé/Cabrio

BMW Z4 M40i (G29)

Dass der BMW Z4 überhaupt existiert, ist einem Deal zwischen BMW und Toyota zum Bau eines gemeinsamen Sportwagens im Jahr 2012 zu verdanken. Während die Japaner aus der Zusammenarbeit den neuen Supra ableiteten, wurde es bei BMW die dritte Generation des Roadsters, der rund 30 Prozent steifer geworden sein soll als der Vorgänger. Beim Z4 bestehen Türen und Motorhaube aus Aluminium, die Kofferraumklappe aus Kunststoff. Das Softtop öffnet und schließt sich in je zehn Sekunden. Der M40i ist mit einem Sportfahrwerk mit elektronisch geregelten Dämpfern, einer Sportbremsanlage mit Vierkolben-Faustsätteln an den vorderen Bremsscheiben und einem Sportdifferenzial im Hinterachsgetriebe ausgestattet.

Baujahr	seit 2019
Motor-Bauart	Sechszylinder-Turbo (Reihe)
Hubraum (cm^3)	2998
Leistung (PS/U/min)	340 bei 6500
Vmax in (km/h)	250
Bauart	Roadster

BMW 1er M-Coupé (E82)

Schon immer sorgen große, leistungsstarke Motoren in kleinen Autos für besondere Fahrfreude. Das 2011 neu auf den Markt gekommene 1er M Coupé – wohlgemerkt nicht M1 genannt – bildet hier keine Ausnahme. Die schiere Kraft des Dreiliter-Twinturbo-Reihensechszylinders in der zierlichen Hülle des 1er Coupés macht das strapazierte Schlagwort Fahrdynamik hautnah erlebbar. Die zur Verfügung stehenden 340 PS sind mehr als genug für alle autofahrerischen Lebenslagen. Äußerlich kommt dieses explosive Package sehr dezent daher – nur der Kenner registriert auf den ersten Blick die verbreiterten Kotflügel, die seitlichen Luftauslässe und die spezielle Frontschürze.

Baujahr	2011-2012
Motor-Bauart	Sechszylinder (Reihe)
Hubraum (cm^3)	2979
Leistung (PS/U/min)	340 bei 5900
Vmax in (km/h)	250
Bauart	Limousine

Baujahr	2014-2019
Motor-Bauart	Sechszylinder-Biturbo (Reihe)
Hubraum (cm³)	2979
Leistung (PS/U/min)	431 bei 5500-7300
Vmax in (km/h)	250
Bauart	Coupé

BMW M4 Coupé (F82)

Im Jahr 2013 änderte BMW seine Nomenklatura, gliederte Coupé und Cabriolet aus der M3-Reihe aus und gab den Zweitürern die Bezeichnung M4. Zuerst kam das Coupé auf den Markt mit Dreiliter-Biturbo-Sechszylinder samt Ladeluftkühler, der 431 PS sowie 550 Newtonmeter maximales Drehmoment bereitstellte. Zur Wahl standen ein Sechsgang-Handschalter (Serie) und optional ein Siebengang-Doppelkupplungsgetriebe. Mit dem aufpreispflichtigen „M Drivers Package" war eine Spitzengeschwindigkeit von 280 km/h möglich. 2014 gab es die auf lediglich 23 Exemplare limitierte Sonderserie „DTM Champion Edition" anlässlich des Titelgewinns von Marco Wittmann. Natürlich war die Limitierung nicht beliebig gewählt: „23" lautete auch Wittmanns Startnummer …

066

Baujahr	2016-2017
Motor-Bauart	Sechszylinder-Biturbo (Reihe)
Hubraum (cm³)	2979
Leistung (PS/U/min)	500 bei 6250
Vmax in (km/h)	305
Bauart	Coupé

BMW M4 GTS Coupé (F82)

Pünktlich zum 30. Geburtstag des ab 1986 gefertigten BMW M3 legte die M GmbH im Jahr 2016 eine auf 700 Exemplare limitierte Sonderserie auf: das 500 PS starke M4 GTS Coupé. Wie nicht anders zu erwarten, vermeldeten die Münchner bereits 4 Wochen nach Präsentation des Sondermodells im Oktober 2015, dass alle Exemplare verkauft seien. Kein Wunder: Der bayerische Hammer verfügte auch dank Wassereinspritzung über 500 PS, war gewichtsoptimiert aufgrund des Einsatzes von besonders leichten Werkstoffen, besaß hinten OLED-Rückleuchten und eine Titan-Auspuffanlage.

Nach dem erneuten DTM-Titel in der Saison 2016 durch Marco Wittmann, entschied sich BMW übrigens noch einmal für eine Sonderserie: Der M4 DTM Champion Edition 2016 wurde nur 200 Mal gebaut und basierte auf dem GTS. Der bis dahin schnellste Serien-BMW aller Zeiten unterschied sich aber durchaus in einigen Details: Der größte optische Unterschied zum GTS lag in dem kleineren Spoiler sowie dem Wegfall der orangefarbenen Designelemente. Mit 148.500 Euro lag der Preis knapp über dem des GTS.

Baujahr	2016-2020
Motor-Bauart	Sechszylinder-Biturbo (Reihe)
Hubraum (cm³)	2979
Leistung (PS/U/min)	450 bei 7000
Vmax in (km/h)	250
Bauart	Coupé, Cabriolet

BMW M4 Competition (F82)

2016 bot BMW seinen Kunden eine „Competition"-Variante des M4 an, die sich hauptsächlich durch mehr Kraft aus den Hochdrehzahlmotoren unterschied. Sie offerierten 19 Mehr-PS an sowie ein überarbeitetes Fahrwerk und ein besseres Handling. Alle elektronischen Komponenten wurden angepasst, optisch gab es schwarze Zierteile und M-Sport-Auspuff mit Endrohren aus schwarzem Chrom. Innen erhielten die Competition-Cars nur neue besonders leichte Sitze und mit dem M-Logo verzierte Gurte. Natürlich waren sowohl Coupé als auch Cabriolet in der Competition-Ausführung zu haben. Das Top-Tempo war auf 250 km/h begrenzt, gegen Aufpreis konnte es auf 280 km/h angehoben werden.

Baujahr	2017-2018
Motor-Bauart	Sechszylinder-Biturbo (Reihe)
Hubraum (cm³)	2979
Leistung (PS/U/min)	460 bei 6250
Vmax in (km/h)	280
Bauart	Coupé

BMW M4 CS Coupé (F82)

2017 spielte BMW weiter mit seinem M4 Coupé und brachte zeitlimitiert eine Serie von CS-Modellen auf den Markt. Der CS, der nur als Coupé bestellt werden konnte, kam serienmäßig mit 460 PS, Siebengang-DSG und einem Top-Tempo von 280 km/h. Die Energie vernichtete bei Bedarf eine Carbon-Keramik-Bremse. Das Auto geriet 35 Kilo leichter als die normale Ausführung, das Fahrwerk war noch sportlicher ausgelegt. Andere Spoiler vorne und hinten sowie OLED-Hecklichter dienten als optische Erkennungsmerkmale.

BMW M4 Competition, M4 Competition M xDrive (G82/G83)

Wie schon bei den normalen 4er-BMW tragen auch die neuen Top-Modelle dieser Baureihe einen riesigen Grill, der nicht jeden glücklich macht. Wer sich nicht daran stört, hat die Wahl zwischen dem Coupé und dem Cabriolet, das etwas später kam, sowie zwischen Hinterrad- und Allradantrieb. Der Einstieg in die zweitürige M4-Welt gelingt mit 91.000 Euro, dafür bekommt man einen Dreiliter-Reihensechszylinder-Biturbo mit 510 PS, zwei angetriebene Räder hinten und ein festes Dach. Allradantrieb kostet genau 4000 Euro mehr, das Cabrio ist nur mit Allradantrieb zu haben und muss mit 98.500 Euro erkauft werden. Alle kommen mit Achtgang-Steptronic samt Schaltwippen am Lenkrad und dem „M Drive Professional"-Paket, das den M Track Mode, den M Laptimer, die zehnstufige M Traction Control und den M Drift Analyser beinhaltet. Alle Modelle sind zunächst bei 250 km/h abgeregelt, mit dem optionalen M Drivers Package rennt das Coupé aber auch 290 km/h, das Cabriolet immerhin noch 280 km/h. Den Sprint erledigt das Allradcoupé am schnellsten mit 3,5 Sekunden, es folgt das Cabrio mit 3,7 Sekunden. Aber auch der hinterradgetriebene M 4 Competition Coupé bleibt mit 3,9 Sekunden noch unter der Viersekunden-Marke.

Baujahr	seit 2021
Motor-Bauart	Sechszylinder-Biturbo (Reihe)
Hubraum (cm³)	2993
Leistung (PS/U/min)	510 bei 6250
Vmax in (km/h)	250
Bauart	Coupé, Cabriolet

M AG 1362
M MM 4122

Baujahr	seit 2021
Motor-Bauart	E-Motor
Hubraum (cm³)	entfällt
Leistung (PS/U/min)	530
Vmax in (km/h)	190
Bauart	Limousine

BMW i4 (G26)

Den BMW i4 sehen die Bayern als Gran Coupé – auch wenn es eher eine viertürige Limousine ist. Zumindest ist es der bislang neueste Elektrik-Wurf aus München, der auch als M-Performance-Modell auftreten soll. Verschiedene Versionen sind geplant, die Reichweiten sollen bis zu 590 Kilometer laut WLTP gehen. In seiner stärksten Ausprägung mit 530 PS soll er in vier Sekunden von 0 auf 100 km/h sprinten.

Baujahr	2013-2020
Motor-Bauart	Dreizylinder-Turbo (Reihe) + Elektromotor
Hubraum (cm³)	1499
Leistung (PS/U/min)	362 bei 5800
Vmax in (km/h)	250
Bauart	Coupé, Roadster

BMW i8 (I12)

2014 kommt BMW mit einer Überraschung: dem Plug-In-Hybridsportwagen i8. Bereits 2008 hat BMW begonnen, die i-Linie aufzubauen, und ein Jahr später zeigten sie die Studie „BMW Vision EfficientDynamics“. Darauf basiert das Concept Car BMW Concept i8, aus dem letztlich der serienreife i8 wird. Beim i8 befindet sich der 131 PS starke Elektro-Motor an der Vorderachse, während der 231 PS starke 1,5-Liter-Dreizylinder-Turbo an der Hinterachse arbeitet. Der Sprint soll in 4,4 Sekunden gelingen – trotzdem ist die Kundschaft leicht enttäuscht. Denn das Design mit den beeindruckenden Schmetterlingstüren suggeriert einen wahrhaftigen Supersportwagen, in dem ein Dreizylindermotor – und sei er noch so effizient und mit 320 Nm durchaus stark – nicht zum sportlichen Image beitragen kann, zumal das Auto auf für Sportwagen schmalen Reifen fährt. Tatsächlich steht das Auto für die Abkehr von den bislang üblichen Sportwagen. Und die Technik funktioniert: Bei Drücken des eDrive-Knopfes wird nur elektrische Kraft abgerufen, bis die Batterie leer ist. Ohne den Knopf gesellt sich ab 60 km/h der Dreizylinder hinzu. Die Technik hat ihren Preis: 126.000 Euro muss sich der Elektro-Sportwagenfan erstmal leisten können.

Baujahr	2015-2020
Motor-Bauart	Sechszylinder-Biturbo (Reihe)
Hubraum (cm³)	2979
Leistung (PS/U/min)	370 bei 6500
Vmax in (km/h)	250 bis 270
Bauart	Coupé

BMW M2 Coupé (F87)

2015 wird auch die Zweier-Reihe mit einem M geadelt: Der M2 ist mit 19-Zoll-Rädern, Achsen vom M3 und M4 und den Bremsen aus dem M4 veredelt. Schürzen mit großen Lufteinlässen charakterisieren die Front, weit ausgestellte Radhäuser zeugen von Potenz. Die produziert hauptsächlich der aufgeladene Dreiliter-Sechszylinder-Reihenmotor mit 370 PS und 465 Newtonmeter (dank Overboost sogar kurzzeitig 500 Nm). Per Knopfdruck wird er zum Leben erweckt, der Sound bei fast jeder Drehzahl macht klar, wessen Kind er ist. Im Sport-Modus spotzelt, spratzelt und rotzt er, was man einfach live hören muss. Innen labt man sich an PS- und Drehmomentanzeige, der Magen realisiert den Sprint in 4,5 Sekunden auf 100 km/h (mit optionalem Siebengang-Doppelkupplungsgetriebe sind es sogar nur 4,3 Sek.). Nette Features: Mit der GoPro-App kann man eine Kamera über das Infotainment-System bedienen, mit der M-Laptimer-App speichert man Telemetriedaten. Der Spaß kostet aber auch in der Basisversion bereits 56.700 Euro.

Baujahr	seit 2021
Motor-Bauart	Sechszylinder-Turbo (Reihe)
Hubraum (cm³)	2998
Leistung (PS/U/min)	374 bei 6500
Vmax in (km/h)	250
Bauart	Coupé

BMW M240i xDrive (G42)

Mitte 2021 stellte BMW sein neues 2er Coupé vor. Top-Modell ist der M240i xDrive – ein Allradler mit 374 PS und Achtgang-Steptronic-Sportgetriebe. Optisch haben die Bayern den nach DIN 1490 Kilo schweren Sportler wieder etwas runder designt, vorne gibt es Einzel-Rundscheinwerfer in Erinnerung an die 02er-Baureihe. Der Neue erinnert sehr an das Hommage-Fahrzeug von 2016, mit dem BMW auf dem Concorso d'Eleganza Villa d'Este auftrat. Neu ist der Grill: In den BMW-Nieren arbeiten jetzt aktive Luftklappen. Die Aerodynamik wurde optimiert, der Auftrieb reduziert sich nun um die Hälfte. Beim Top-Modell ist das M-Sportdifferenzial grundsätzlich an Bord. Die Spurweite hat im Vergleich zum Vorgänger vorne um 54 Millimeter zugelegt, hinten um 31 Millimeter. Der Radstand ist um 51 Millimeter größer. Der Sprint gelingt in 4,3 Sekunden, bei 250 km/h ist das Auto elektronisch abgeregelt. Sein Preis: 56.000 Euro – das sind gerade einmal 4600 Euro weniger als der Einstandspreis des M2 im Jahre 2016.

Baujahr	1957-1961
Motor-Bauart	Vierzylinder (Reihe)
Hubraum (cm³)	1493
Leistung (PS/U/min)	75 bei 5200
Vmax in (km/h)	135 bis 150
Bauart	Coupé

Borgward Isabella Coupé

Noch eleganter als die Isabella-Limousinen präsentierte sich 1957 das Isabella Coupé. Mit etwas feminin wirkenden Schnörkeln und leichten Heckflossenansätzen versehen, begeisterte die Karosserie Liebhaber sportlich-komfortabler 2+2-Coupés. Technisch mit den Limousinen identisch, verlangte Borgward für seine Isabella im Trainingsanzug einen stattlichen Aufpreis von ca. 3000 Mark.

Baujahr	1989-2001
Motor-Bauart	V12
Hubraum (cm³)	6871, 7258
Leistung (PS/U/min)	509 bei 5500, 530 bei 5750, 582 bei 6000
Vmax in (km/h)	mehr als 300
Bauart	Roadster

Brabus SL 600 6.9, SL 600 7.3, SL 600 7.3 S

Brabus, KBA zertifizierter Autohersteller seit Mitte 1989, der sich stets Modelle aus dem Hause Daimler zur Brust nimmt, macht die Stuttgarter Exemplare meist stärker und schwärzer. So auch den fettesten SL der Typreihe R 129. Brabus erhöhte zunächst den Hubraum des V12, indem die Entwickler die Bohrung vergrößerten, die entsprechenden Kolben einsetzten und eine Spezialkurbelwelle montierten. Dank ein paar weiterer Eingriffe lieferte der 6,9-Liter-V12 nun 509 PS und 705 Nm, als 7.3-Liter-Version generiert der „Zwölfender" 530 PS und 754 Nm und das Herz des 7.3 S ist mit 582 PS und 772 Nm gelistet.

Brabus SV 12 R Roadster SL 600 6.3 biturbo, SL 600 6.3 biturbo S, SL 600 6.3 R biturbo 750

Auch für die nächste Generation des Mercedes-Benz SL, Typ R 230, realisierte Brabus eine dreistufige Kraftkur. Nach bewährtem Rezept spendierten die Bottroper mehr Hubraum, eine Spezialkurbelwelle und entsprechende Kolben. Hinzu kamen zwei Spezialturbolader, eine effektivere Ladeluftkühlung und eine staudrucksenkende Metallkatalysatoranlage. Die schwächste Variante verfügte über 640 PS, was den Sprint auf 100 km/h in 4,2 Sekunden ermöglichte. Die S-Version besaß schon 730 PS, was die Zeit der Beschleunigung auf vier Sekunden verminderte. Top-Modell war der 6.3 R biturbo 750 mit 750 PS und 1350 Nm, die auf 1100 begrenzt werden mussten.

Baujahr	2002-2006
Motor-Bauart	V12-Biturbo
Hubraum (cm³)	6233
Leistung (PS/U/min)	640 bei 5300, 730 bei 5100, 750 bei 5100
Vmax in (km/h)	mehr als 300
Bauart	Roadster

Baujahr	2004-2005
Motor-Bauart	Dreizylinder-Turbo (Reihe
Hubraum (cm³)	698
Leistung (PS/U/min)	101 bei 5600
Vmax in (km/h)	190, 195
Bauart	Roadster, Coupé

Brabus Smart Roadster, Brabus Smart Roadster Coupé

Auch der Bottroper Profi-Tuner Brabus nahm sich des Mini-Sportlers von Smart an und pushte das Motörchen auf 101 PS und 130 Nm. Der Roadster lief damit 190 km/h, das Coupé rannte dank besserer Aerodynamik 195 km/h. Man brauchte allerdings Mut dazu, weil man durch die Enge im Innenraum und die tiefe, liegende Sitzposition viel näher am Asphalt kauerte als einem manchmal lieb war. Übrigens: Brabus hat auch einen Prototyp mit 170 PS starkem V6-Biturbo ausgerüstet – für 225 km/h Spitze …

Brabus SLS 700 Biturbo

Auf dem Genfer Salon 2011 stand der neueste Hammer von Mercedes-Veredler Brabus im gleißenden Scheinwerferlicht: Der SLS AMG als Brabus 700 Biturbo. Natürlich war der Name Programm schließlich waren 700 PS angesagt, ebenso 850 Newtonmeter als maximales Drehmoment und karosserieseitig die Widestar-Breitversion. Die Leistungssteigerung resultierte unter anderem daraus, dass V-Motoren normalerweise mit zwei rechtsdrehenden Ladern bestückt werden, mit den einhergehenden Nachteilen für das Ansprechverhalten. Hier setzte Brabus an und konzipierte einen linksdrehenden Turbolader für die linke Motorseite. Dadurch konnte die Turbine und deren Einlass bezüglich Strömung und Abgasdynamik optimal ausgelegt werden. So glänzte das aufgeladene Triebwerk mit einer vorbildlichen Leistungskurve. Und konnte den Boliden auf 340 km/h Spitze katapultieren.

Baujahr	2011-2015
Motor-Bauart	V8-Biturbo
Hubraum (cm³)	6208
Leistung (PS/U/min)	700 bei 6600
Vmax in (km/h)	340
Bauart	Coupé, Roadster

Baujahr	2012
Motor-Bauart	V12-Biturbo
Hubraum (cm³)	6233
Leistung (PS/U/min)	800 bei 5500
Vmax in (km/h)	370
Bauart	Coupé

Brabus Bullit Coupé 800

Wiederum auf dem Genfer Salon präsentierte Brabus 2012 sein Bullit Coupé 800 auf Basis des zweitürigen Mercedes C 63 AMG (C 204). Unter der mattschwarzen Karosserie arbeitete nicht wie im Serienauto ein 6,3-Liter-Hochdrehzahl-V8, sondern ein Zwölfzylinder-Biturbo. Mit 800 PS und einem maximalen Drehmoment von 1420 Nm erreichte der Bullit Fahrleistungen der Superlative: 3,7 Sekunden bis Tempo 100, 23,8 Sekunden von 0 bis 300 km/h und über 370 km/h Vmax. Im Windkanal erprobte Aerodynamik-Komponenten gehörten genauso zur Ausstattung wie 20-Zöller, ein in Höhe und Dämpfung einstellbares Sportfahrwerk, eine Hochleistungsbremsanlage und ein exklusives Cockpitdesign. Preis: ab 378.000 Euro. „Bullit" ist übrigens nicht falsch geschrieben, sondern Brabus verzichtete aus rechtlichen Gründen auf das zweite „t", um Steve McQueens Filmnamen nutzen zu können.

Baujahr	2012
Motor-Bauart	V12-Biturbo
Hubraum (cm³)	6233
Leistung (PS/U/min)	800 bei 5500
Vmax in (km/h)	325
Bauart	Coupé

Brabus 800 E V12

Mal wieder ganz exklusive Cabrios und Coupés bot Brabus ab 2010 mit dem 800 E V12 an. Herzstück der rund 1850 Kilo schweren Sportler auf Basis Mercedes E 63 AMG war ein 800 PS starker V12 mit 3-Ventil-Technik und mit Mikroprozessor gesteuerter Einspritzanlage. Die Leistungssteigerung gelang dank Hubraumerhöhung auf 6,3 Liter durch eine Spezialkurbelwelle und vergrößerter Bohrung in Verbindung mit entsprechenden Kolben. Der Ansaug- und Auspufftrakt beider Zylinderköpfe wurde strömungstechnisch optimiert und durch zwei Spezialnockenwellen dem Hubraum entsprechend abgestimmt. Ergänzt wurde der Umbau durch zwei Abgasturbolader, effektiverer Ladeluftkühlung mit insgesamt vier Wasser/Luft-Wärmetauschern sowie durch eine staudrucksenkende Metallkatalysatoranlage. Die Frischluftansaugung erfolgte durch ein RAM-Air-Ansaugsystem aus Kohlefaser in der Motorhaube. Mehr als 370 km/h wären drin gewesen, das Top-Tempo wurde aber elektronisch auf 350 km/h begrenzt.

Brabus GTS 600

2015 veredelte Brabus den Mercedes-AMG GT S und verpasste dem Supersportler 600 PS, 750 Nm und damit eine Top-Speed von 325 km/h. Von außen bestach der Sportwagen im Brabus-Design durch Aerodynamik-Komponenten in Sicht-Carbon, ultraleichte Monoblock-F-Schmiederäder, ein in Höhe und Dämpfung vielfach verstellbares Sportfahrwerk und eine aus besonders leichtem Titan gefertigte Sportauspuffanlage mit elektronisch gesteuertem Soundmanagement. Brabus' „fine leather"-Innenausstattung und Echtcarbon- und Edelholz-Intarsien werteten das Cockpit des Zweitürers auf.

Baujahr	2015
Motor-Bauart	V8-Biturbo
Hubraum (cm³)	3982
Leistung (PS/U/min)	600 bei 6400
Vmax in (km/h)	325
Bauart	Coupé

Colani GT

Der Berliner Designer Luigi Colani bot in der Vor-Buggy-Zeit dem Besitzer eines Käfer-Fahrgestells die Möglichkeit, für wenig Geld seinem brav motorisierten Untersatz eine ultraschnell aussehende Kunststoff-Karosserie überzustülpen. Schon damals liebte das Enfant terrible der deutschen Designerszene rundliche Formen, und so mancher Fan tat das auch – noch heute existieren verschiedentlich Exemplare dieser Spezies.

Baujahr	1964
Motor-Bauart	Vierzylinder (Boxer)
Hubraum (cm³)	k.A.
Leistung (PS/U/min)	k.A.
Vmax in (km/h)	k.A.
Bauart	Roadster

Baujahr	1993-2002
Motor-Bauart	Sechszylinder-Boxer-Biturbo
Hubraum (cm³)	2994
Leistung (PS/U/min)	730 bei 7600
Vmax in (km/h)	404
Bauart	Coupé

Dauer 962 LM

Nachdem der deutsche Industrielle Jochen Dauer 1988 die Sportwagen-Europameisterschaft auf dem Porsche 962C gewann, ließ ihn dieser Wagen nicht mehr los. Weil das Auto wegen Reglementänderungen bald nicht mehr in Rennserien starten durfte, wollte sich Dauer um eine Straßenzulassung für das Modell kümmern und machte aus dem Porsche 962C den Dauer 962 LM. Er änderte die Technik kaum, die Karosserie jedoch deutlich, baute eine Servolenkung ein sowie ABS, Scheinwerfer, Spiegel, ABS und einen Kat. Mit 730 PS fuhr das Auto 404 km/h und war damit der schnellste Straßensportwagen bis zum Bugatti Veyron. Der Sprint gelang in sagenhaften 2,6 Sekunden. Eigentlich sollten 50 Kunden in den Genuss des Supersportlers kommen, aber es wurden nur 13 Stück gebaut. Alleine sechs davon gehören dem Sultan von Brunei. Übrigens: Aufgrund einer Lücke im Reglement konnte Porsche 1994 mit dem Rennwagen Dauer 962 LM Sport das Rennen in Le Mans gewinnen. Nach dem 962-Projekt entstanden bei der Dauer Sportwagen GmbH noch einige Dauer EB110SS aus Teilen der letzten Entwicklungsstufe des Bugatti EB110, die Dauer aus der Bugatti-Konkursmasse gekauft hatte. Im 2008 schloss Dauer seine Firma für immer.

Baujahr	1956-1958
Motor-Bauart	Dreizylinder-Zweitaktmotor
Hubraum (cm³)	896, 981
Leistung (PS/U/min)	40 bei 4200 bis 50 bei 4500
Vmax in (km/h)	135 bis 150
Bauart	Coupé

DKW 3=6 Monza

Nach nur 155 gebauten Exemplaren war der Traum von einem Sportwagen auf DKW-Basis ausgeträumt. Auf private Initiative hatte die Kunststoff-Karosserie mit dem 900- bzw. 1000-cm³-Dreizylinder unter der Haube das Licht der Welt erblickt, der DKW-Kastenrahmen bot hierzu ideale Voraussetzungen. Leider gelang es nicht, besonders viele Enthusiasten zum Kauf eines der recht teuren Zweitakt-Sportler zu gewinnen. Nachdem sich drei verschiedene Karosserieherstellerfirmen mit wenig Erfolg um dessen Vermarktung gekümmert hatten, schlief das Projekt ein – kein Wunder, denn die Ingolstädter selbst boten Sportliches an.

Auto Union 1000 Sp

Der „T-Bird aus Ingolstadt" war ein gewagtes Experiment, das dann auch nicht besonders gut gelang. Aufregend modische Formen innen und außen wollten nicht so recht mit der kleinvolumigen Zweitaktmotorisierung harmonieren – 5 Mehr-PS rissen da auch nichts aus dem Feuer. Zu allem Überfluss mussten kaufwillige Freunde des schnittigen Coupés bzw. Cabriolets auch recht tief in die Tasche greifen. Die Folge: Nur gut 6500 produzierte Exemplare verließen die Werkshallen.

Baujahr	1958-1965
Motor-Bauart	Dreizylinder-Zweitaktmotor
Hubraum (cm³)	980
Leistung (PS/U/min)	55 bei 4500
Vmax in (km/h)	140
Bauart	Coupé, Cabriolet

Ford 20 M RS (P7a)

Dem Nachfolger des P5-17 M war nur ein kurzes Leben beschieden. Das dem Modetrend folgende, allerdings recht bemüht wirkende Hüftknick-Styling fand bei der potenziellen Käuferschaft kaum Gefallen. Heute sind nur noch einzelne überlebende Fahrzeuge in gutem Originalzustand zu finden, was speziell den Hardtop-Varianten in der attraktiven RS-Ausstattung echten Sammlerstatus verleiht. Mit 108 PS aus seinem neu ins Programm genommenen 2,3-Liter-V6 hinterließ ein 20 M RS 2300 S – so die komplette Typenbezeichnung – auf der linken Autobahnspur durchaus Eindruck.

Baujahr	1967-1968
Motor-Bauart	V6
Hubraum (cm³)	2293
Leistung (PS/U/min)	108 bei 5100
Vmax in (km/h)	170
Bauart	Limousine

Baujahr	1967-1968
Motor-Bauart	V6
Hubraum (cm³)	1998, 2293
Leistung (PS/U/min)	90 bei 5000 bis 108 bei 5100
Vmax in (km/h)	165 bis 175
Bauart	Coupé

Ford OSI 20 M Coupé, 20 M TS Coupé

Mitte der sechziger Jahre hatten auch Großserienhersteller wie Ford noch ein Herz fürs Besondere: Der als Designstudie im Jahre 1966 gezeigte OSI wurde wegen seiner gefälligen Optik kurzerhand in Produktion genommen und in Italien auf einem 20 M-Fahrgestell zusammengebaut. Ausgerüstet mit einem 2- oder 2,3-Liter-V6 aus Kölner Produktion machte das sportliche Coupé gewaltigen Eindruck – nicht zuletzt wegen seiner Innenraumgestaltung, wo italienischer Stil und üppige Verwendung von Edelholz für noble Atmosphäre sorgten.

Baujahr	1969-1973
Motor-Bauart	V4, Vierzylinder (Reihe), V6
Hubraum (cm³)	1288, 1293, 1498, 1592, 1699, 1998, 2293, 2550, 2637, 2993
Leistung (PS/U/min)	50 bei 5000 bis 138 bei 5600
Vmax in (km/h)	133 bis 205
Bauart	Coupé

Ford Capri (Serie I)

Ford besetzte mit einem weitsichtigen Konzept eine bisher in Europa für nicht existent gehaltene Marktlücke: die der sportlich aufgemachten Familiencoupés auf Limousinenbasis. Attraktive Designelemente gepaart mit einer maximale Individualität garantierenden Ausstattungs- und Motorisierungsvielfalt führten den Capri zum Erfolg. Ob mit 1300 cm³ Hubraum und 50 PS oder als Dreilieter-V6 mit 138 PS – der Capri überzeugte im Alltag wie auf der Rennpiste gleichermaßen.

Ford Capri RS 2600

Als sportliche Speerspitze im Capri-Programm präsentierte Ford im März 1970 den RS 2600. Dessen 2,6 Liter großer V6 basierte auf der zivilen Kölner 2,6-Liter-Maschine, war aber durch klassische Tuningmaßnahmen und vor allem den Einbau einer mechanischen Kugelfischer-Benzineinspritzung auf 150 PS gebracht worden. Das reichte aus um aus dem erleichterten RS einen ebenso knackigen wie bulligen Sportwagen zu machen, der auch die Basis für eine eindrucksvolle Motorsportkarriere des Capri bildete. Nach einer ersten Modellpflege blieb der RS – leicht facegeliftet – auch 1972/73 noch im Programm, bevor der Capri II ab 1974 das Zepter übernahm und das Abenteuer RS endete.

Baujahr	1970-1973
Motor-Bauart	V6
Hubraum (cm³)	2673
Leistung (PS/U/min)	150 bei 5800
Vmax in (km/h)	205
Bauart	Coupé

Ford Capri (Serie II)

Für kurze Zeit bot Ford seinen Capri II, der eine Heckklappe nebst einer Reihe von Karosserieretuschen spendiert bekommen hatte, in einer luxuriösen Top-Version an. Ausgestattet mit beliebten Zutaten der frühen siebziger Jahre, wie Chrom, Velour und Holzimitationsfolie am Armaturenbrett überzeugte der GXL durch hervorragende Fahrleistungen. Der britische Essex-Dreiliter-V6 mit Heron-Brennräumen war zwar nicht immer verlässlich, glänzte aber mit Drehmomentstärke und sattem Sound.

Baujahr	1974-1978
Motor-Bauart	Vierzylinder (Reihe), V6
Hubraum (cm³)	1297, 1593, 1999, 2294, 2993
Leistung (PS/U/min)	54 bei 5500 bis 138 bei 5000
Vmax in (km/h)	140 bis 200
Bauart	Coupé

Baujahr	1978-1987
Motor-Bauart	Vierzylinder (Reihe), V6
Hubraum (cm³)	1593, 1993, 1999, 2294, 2792, 2993
Leistung (PS/U/min)	72 bei 5500 bis 188 bei 5500
Vmax in (km/h)	150 bis 220
Bauart	Coupé

Ford Capri (Serie III)

Als das Capri-Konzept endgültig von der moderneren Frontantriebs-Konkurrenz abgehängt worden war, blieb nur noch ein Modell übrig, das quasi die Quintessenz der Baureihe verkörperte: der 2,8i. Mit seinem 160-PS-Einspritzer-V6 und sportlichen Zutaten innen und außen war er sozusagen ein zivilisierter RS 2600.

Baujahr	1981-1983
Motor-Bauart	V6
Hubraum (cm³)	2792
Leistung (PS/U/min)	188 bei 5500
Vmax in (km/h)	220
Bauart	Coupé

Ford Capri Turbo

Ford war immer für eine Überraschung gut: In der Tradition des legendären 2600 RS vom Anfang der siebziger Jahre legten die Kölner 1981 eine imposante Turboversion des Capri in auf 200 Exemplare limitierter Stückzahl auf. Mit dicken Kotflügelverbreiterungen und Doppelheckspoiler sowie Sportsitzen hinterließ dieses Sondermodell, das nur über die RS-Händlerschaft zu beziehen war und in den Werkstätten des Rennteams von Erich Zakowski auf Basis des 2,8-Liter-Einspritzmodells umgebaut wurde, großen Eindruck. Der lang bekannte V6 kam im Turbo allerdings in einer Vergaserversion zum Einsatz. Der Garrett-Turbolader entlockte dem Triebwerk dennoch 188 PS, die den Capri Turbo seinerzeit zu einem Hochleistungssportwagen machten.

Baujahr	1973-1974
Motor-Bauart	Vierzylinder (Reihe)
Hubraum (cm³)	1993
Leistung (PS/U/min)	100 bei 5700
Vmax in (km/h)	180
Bauart	Limousine

Ford Escort RS (Serie I)

Der Escort im RS-Trimm war eine ernst zu nehmende Kompaktlimousine mit sportlichen Talenten. Ein Zweiliter-Vierzylinder-Reihenmotor aus amerikanischen Ford-Regalen sorgte im Zusammenspiel mit breiten Felgen, Sportsitzen und einer auffälligen Kriegsbemalung für jede Menge Fahrspaß. Die wenigen im Originalzustand erhaltenen RS werden von ihren stolzen Besitzern heute sorgsam gehütet.

Baujahr	1975-1980
Motor-Bauart	Vierzylinder (Reihe)
Hubraum (cm³)	1993
Leistung (PS/U/min)	110 bei 5500
Vmax in (km/h)	178
Bauart	Limousine

Ford Escort RS 2000 (Serie II)

Im März 1975 wurde der letzte Kraft-Escort der Heckantriebsära der Öffentlichkeit vorgestellt. Das Konzept entsprach seinem Vorgänger: Fahrwerksmodifikationen, sportiv aufgemachtes Interieur, Zweiliter-Vierzylinder mit 110 PS. Neu war jedoch, dass es mit der aerodynamisch optimierten Front erstmals für das sportliche Spitzenmodell Karosserieretuschen gab und die auffällige Kriegsbemalung des alten Escort unter den Tisch fiel. So präsentierte sich ein erwachseneres und durchaus geschmackvolles Fahrzeug, das allerdings gelegentlich immer noch unter Zuverlässigkeitsmängeln des aus amerikanischen Beständen übernommenen Zweiliter-Vierzylinders litt.

Baujahr	1980-1986
Motor-Bauart	Vierzylinder (Reihe)
Hubraum (cm³)	1597
Leistung (PS/U/min)	105 bei 6000
Vmax in (km/h)	185
Bauart	Limousine

Ford Escort XR/XR3i

Ab Ende 1980 sorgte Ford mit einer endlich hochmodernen Escort-Generation für einen Befreiungsschlag. Die komplett neue Konstruktion verfügte über Frontantrieb und neue Vierzylinder-Triebwerke – darunter einen 1,6-Liter-Vergasermotor mit 96, später mit Benzineinspritzung dann 105 PS. Sie motorisierten die sportlich aufgemachten Escort-Spitzenmodelle XR3 (1980 bis 1982) bzw. XR3i (1982 bis 1986). Trotz aller fraglos vorhandenen Qualitäten dieser sportlichen Fahrzeuge gab es – ähnlich wie im Fall des Opel Kadett GTE – kein Vorbeikommen am Wolfsburger Wunderknaben Golf GTI, der als Gesamtpaket durchgängig die Messlatte darstellte.

Baujahr	1986-1990
Motor-Bauart	Vierzylinder (Reihe)
Hubraum (cm³)	1597
Leistung (PS/U/min)	132 bei 6000
Vmax in (km/h)	200
Bauart	Limousine

Ford Escort RS Turbo

Das erste tiefgreifende Facelift des Frontantriebs-Escort fand Anfang 1986 statt. Als sportliche Speerspitze und damit Nachfolger der XR3/XR3i-Modelle brachte Ford den RS Turbo heraus. Dessen 1,6 Liter großer Vierzylinder war durch eine moderne Bosch KE-Jetronic-Einspritzung sowie einen Turbolader auf stattliche 132 PS aufgeblasen worden. Äußerlich ließen üppige Kotflügelverbreiterungen, Schwellerleisten aus Kunststoff sowie Frontschürze und Heckspoiler keinen Zweifel an der Leistungsfähigkeit des RS Turbo. Leider entwickelten sich die Verkaufszahlen des Modells für Ford im Vergleich zu den XR-Modellen eher enttäuschend.

Ford Escort Cosworth

Als Homologationsmodell für den Rallyesport verstand Ford den technisch aufwendigen Escort RS Cosworth, der von 1992 bis 1996 in den allgemeinen Verkauf kam. Mit einem eigens konstruierten Zweiliter-Vierzylinder-Turbomotor, der 220 PS leistete, und Allradantrieb hatte er technisch nichts mit den bürgerlichen Escort-Modellen zu tun. Erkennungsmerkmal des Cosworth war der riesige Heckflügel, den empfindsame Naturen aber auch abbestellen konnten – es blieb dann in Sachen Abtrieb bei einem noch recht dezenten Heckspoiler. Der Sport-Escort war nicht nur ein sehr taugliches Alltagsauto sondern sorgte auch im Rallyesport weltweit für Furore.

Baujahr	1992-1996
Motor-Bauart	Vierzylinder (Reihe)
Hubraum (cm³)	1993
Leistung (PS/U/min)	220 bei 6250
Vmax in (km/h)	220
Bauart	Limousine

Baujahr	1983-1993
Motor-Bauart	V6
Hubraum (cm³)	2772
Leistung (PS/U/min)	150 bei 5700
Vmax in (km/h)	205
Bauart	Limousine

Ford Sierra XR 4i

Eigentlich war der Sierra alles andere als ein sportliches Auto. Dennoch versuchte Ford ihn in einer speziellen dreitürigen Version mit markantem Heckspoiler als Nachfolger der stärksten Capri-Modelle zu positionieren und flankierte diese Absicht mit durchaus erfolgreichen Motorsporteinsätzen. Für den ganz normalen Kunden war der mit einem 150 PS starken 2,8-Liter-V6 ausgerüstete XR4i jedoch kein besonders interessantes Angebot. Technisch antiquiert und in seinem Erscheinungsbild eher gewöhnungsbedürftig war er für die gut motorisierten Sportlimousinen von BMW und Mercedes-Benz keine Konkurrenz – ganz besonders nicht zu den verlangten Preisen.

Baujahr	1984-1989
Motor-Bauart	Vierzylinder (Reihe)
Hubraum (cm³)	1597
Leistung (PS/U/min)	96 bei 5750
Vmax in (km/h)	180
Bauart	Limousine

Ford Fiesta XR2

Fords Millionenseller namens Fiesta teilte sich seit Mitte der 70er Jahre quasi den deutschen Markt in der Kleinwagenklasse mit dem VW Polo. Simpel in der Konstruktion, preiswert im Unterhalt und robust im Alltagseinsatz machte er sich viele Freunde und vor allem Freundinnen. Der Wechsel zur zweiten Generation im Jahr 1983 war indes nichts anderes als eine tiefer greifende Modellpflege mit leicht veränderter Karosserieoptik, neu gestaltetem Interieur, aber auch dem Einbau der neuen CVH-Motorengeneration, von der auch das Sportmodell XR2 profitierte. Der 1,6 Liter große Vierzylinder war zuvor auch im Escort XR3 eingesetzt worden. Die bereitgestellten 96 PS machten den kompakten Fiesta zu einem äußerst lebhaften Kleinwagen, der kaum Konkurrenten hatte.

Ford Fiesta XR2i

1989 war auch der Fiesta endlich reif für den Sprung in die automobile Modernität. Im neuen Modell fanden sich so gut wie keine Komponenten, die noch im Vorgängermodell Dienst getan hatten. Neues Design, komplett neue Technik und erstmals auf Wunsch auch eine fünftürige Version schufen die Basis für eine weiterhin erfolgreiche Zukunft des Modells. Ford sah allerdings 1991 die Zeit gekommen, der Sportversion XR2i eine weitere Kraftspritze zu verpassen, die ihn an die Spitze dieses noch recht kleinen Marktsegments brachte. Der neu eingebaute Zetec-Vierzylinder glänzte mit einem Vierventilzylinderkopf und schöpfte aus 1,8 Litern Hubraum stramme 130 PS. Fords Kleinster katapultierte sich damit bis an die 200-km/h-Grenze heran.

Baujahr	1991-1994
Motor-Bauart	Vierzylinder (Reihe)
Hubraum (cm³)	1796
Leistung (PS/U/min)	130 bei 6200
Vmax in (km/h)	190
Bauart	Limousine

Baujahr	2005-2008
Motor-Bauart	Vierzylinder (Reihe)
Hubraum (cm³)	1999
Leistung (PS/U/min)	150 bei 6000
Vmax in (km/h)	208
Bauart	Limousine

Ford Fiesta ST

Erstmals im Jahr 2005 bot Ford eine ernstzunehmende Sportversion seines Millionensellers Fiesta an. Sie nannte sich ST und verfügte neben entsprechender Innenausstattung und Streifenzier vor allem über den Zweiliter-Duratec-Vierzylinder mit 150 PS. Das relativ voluminöse Triebwerk kam in der kompakten Fiesta-Karosse naturgemäß noch besser zur Geltung als im größeren und schwereren Focus, was sich in hervorragenden Fahrleistungen niederschlug. Mit fast 210 km/h Spitze gehörte der Fiesta ST zu den schnellsten seiner Klasse. Ein komplett neu konstruierter Nachfolger auf Basis der aktuellen Fiesta-Generation ist in Planung.

Ford Focus ST

Das sportliche Spitzenmodell der Focus-Baureihe hatte 2005 seine Marktpremiere und bekam den Beinamen ST. Es verfügte unter der Motorhaube exklusiv über den im Konzernverbund nur bei Volvo eingesetzten 2,5-Liter-Turbo-Fünfzylinder mit 225 PS. Dieser sehr ausgewogene Motor animierte jedoch eher zum Reisen als zum Rasen, was in gewissem Gegensatz zum betont sportlichen optischen Auftritt des ST stand. Trotz seiner 225 PS brachte dieses Triebwerk auch das mit hohen Reserven gesegnete Focus-Fahrwerk nicht an seine Grenzen. Fast könnte man sagen: der Focus ST war ein Schaf im Wolfspelz ...

Baujahr	2005-2010
Motor-Bauart	Fünfzylinder-Turbo (Reihe)
Hubraum (cm³)	2521
Leistung (PS/U/min)	225 bei k.A.
Vmax in (km/h)	230
Bauart	Limousine

Ford Focus RS

Mit einem Kampfpreis von 33.900 Euro, der die Konkurrenz von Audi, BMW und VW ins Visier nahm, trat im Frühjahr 2009 der Focus RS ins Rampenlicht. Mit 305 PS stellte er die genannten Wettbewerber auch in Sachen Leistung klar in den Schatten. Auf Basis des ST-Modells hatte Ford die sportliche Akzentuierung nochmals erheblich nachgeschärft. Passend zum Fahrleistungspotenzial (Spitze laut Ford 263 km/h!) gab es üppige Kotflügelverbreiterungen mit fetten 235er-Reifen, eine überarbeitete Vorderachse sowie neue Front- und Heckschürzen. Auch der Innenraum zeigte sich mit stark profilierten Schalensitzen den gestiegenen Anforderungen gewachsen.

Baujahr	2009-2010
Motor-Bauart	Fünfzylinder-Turbo (Reihe)
Hubraum (cm³)	2521
Leistung (PS/U/min)	305 bei k.A.
Vmax in (km/h)	263
Bauart	Limousine

Ford Focus RS 500

Ein gutes Stück aggressiver und leistungsstärker als der RS präsentierte sich 2010 der in einer limitierten Serie von nur 500 Exemplaren gefertigte Focus RS 500. Mit mattschwarzer Folierung der blechernen Außenhaut und schwarzen Felgen sowie markanten Lufteinlässen auf der Motorhaube ließ dieser stärkste jemals produzierte Focus keine Zweifel an seiner Bestimmung aufkommen. Ein nochmals um 4 cm verbreitertes Fahrwerk versuchte, die 350 an den Vorderrädern zerrenden PS im Zaum zu halten. Aus dem gutbürgerlichen Alltagsauto wurde auf diese Weise ein kompromissloser Hochleistungssportwagen reinsten Wassers.

Baujahr	2010
Motor-Bauart	Fünfzylinder-Turbo (Reihe)
Hubraum (cm³)	2521
Leistung (PS/U/min)	350 bei k.A.
Vmax in (km/h)	265
Bauart	Limousine

Ford Focus RS

Bis Anfang 2016 musste man lange überlegen, ob es ein alltagstaugliches Auto gibt, das Allradantrieb besitzt, im Drift leicht zu kontrollieren ist und auch noch bezahlt werden kann, ohne die Bank zu verschrecken. Dann kam der neue Ford Focus RS. Der basierte auf der fünften Focus-Generation und bot sechs Prozent weniger Luftwiderstand als beim Vorgänger. Als Herz arbeitete der 2,3-Liter-Ecoboost-Motor aus dem aktuellen Ford Mustang inklusive Einbau eines Cosworth-Zylinderkopfes, modifizierter Kühlung, separate Ölkühler, ein Auspuffstrang völlig ohne Mittelschalldämpfer und ein zu 90 Prozent neu entwickelter Twin-Scroll-Turbolader. Das alles pushte den ursprünglich 317 PS starken Vierzylinder auf jetzt 350 PS und bis zu 470 Newtonmeter, was letztlich für 266 km/h Spitze reichte. Den Fahrspaß komplettierte das Torque-Vectoring-Allradsystem. Und dann gab's auch noch eine Launch-Control für den Sprint in 4,7 Sekunden von 0 auf 100 km/h. Preis: 39.000 Euro. April 2018 war leider Schluss.

Baujahr	2016-2018
Motor-Bauart	Vierzylinder-Turbo (Reihe)
Hubraum (cm³)	2261
Leistung (PS/U/min)	350 bei 6000
Vmax in (km/h)	268
Bauart	Limousine

Glas 1300 GT

Um ja kein Marktsegment ohne ein Glas-Modell zu belassen, schickten die Dingolfinger einen echten Sportwagen mit schicker Frua-Karosserie ins Rennen um die Gunst gut situierter Jungmänner. Technisch auf der 1304-Serie basierend, litt der GT ein wenig unter seinem kleinvolumigen Motor. Schlimmer war, dass der als Coupé und besonders attraktives Cabrio lieferbare Sport-Glas gegenüber der kompetenten Konkurrenz aus Italien und Großbritannien erheblich zu teuer angeboten wurde.

Baujahr	1964-1967
Motor-Bauart	Vierzylinder-Turbo (Reihe)
Hubraum (cm³)	1290
Leistung (PS/U/min)	75 bei 5500 bis 85 bei 5800
Vmax in (km/h)	170 bis 174
Bauart	Coupé, Cabriolet

Glas V8 2600, Glas V8 3000, BMW V8 3000

Als wäre die riesige Modellpalette der kleinen Dingolfinger Firma nicht schon längst über den Kopf gewachsen, erachtete es die Glas-Chefetage noch für nötig, 1966 auch ein Luxuscoupé zu lancieren. Durch die Kopplung zweier 1300-cm³-Vierzylinder entstand deshalb ein V8-Triebwerk, das in einer attraktiven, ebenfalls von Frua gestalteten GT-Karosserie Platz fand. Detailschwächen verhinderten auch hier einen Markterfolg. Immerhin schien das Konzept den BMW-Oberen so zuzusagen, dass sie den Wagen, mittlerweile mit einem durchzugsstärkeren Dreilitermotor versehen, nach der Übernahme noch eine Weile anboten.

Baujahr	1966-1968
Motor-Bauart	V8
Hubraum (cm³)	2580, 2982
Leistung (PS/U/min)	150 bei 5600, 160 bei 5100
Vmax in (km/h)	195
Bauart	Coupé

Gumpert Apollo

Roland Gumpert, Audis Ex-Motorsportchef, hat seine eigene Philosophie: „Apollo ist einerseits der Sohn des Kriegsgottes Zeus. Andrerseits ist er der Gott der Schönheit. Ästhetik und Poesie – das passt." Klar, dass er daraufhin sein Auto so nennt. Sein automobiles Erstwerk namens Apollo mit Carbon-Monocoque war allerdings nur etwas für Puristen und rein auf Power ausgerichtet. Die Sitzschalen waren fest verschraubt, dazu gab es innen ein bisschen Alcantara und Audi-Belüftungsdüsen. Herzstück war ein hinten montierter 4,2-Liter-V8-Biturbo aus dem Regal der Ingolstädter, der statt üblicher 335 PS nun 650 PS produzierte. Konnte man mit dem sehr schwergängigen Kupplungspedal umgehen, brüllte es aus dem Auspuff, die Turbos zischten, die Mechanik kreischte. Die Fahrmaschine wog 1468 Kilo und verzichtete auf ESP und Airbags. Im nur 1448 Kilo schweren Apollo Sport legte Gumpert noch eine Schippe Kraft (und Sound) nach: 700 PS waren angesagt, die ein sequenzielles Sechsganggetriebe in Vortrieb umsetzen musste. Der Wagen sprintete in 9,5 Sekunden von 0 auf 200 km/h. Dafür zahlte man aber auch letztlich gut 477.000 Euro.

Baujahr	2007-2013
Motor-Bauart	V8-Biturbo
Hubraum (cm³)	4163, 4172
Leistung (PS/U/min)	650 bei k.A., 750 bei k.A.
Vmax in (km/h)	330, 360
Bauart	Coupé

Gumpert Aiways Nathalie 2019

Der deutsche Ingenieur Roland Gumpert und die chinesische Firma Aiways haben mit dem Gumpert Aiways Nathalie nahezu ein Wunderauto im Portfolio. Der rein elektrische, wahlweise zwischen 408 und 816 PS starke Allradler fährt mit einer Methanol-Brennstoffzelle; für den Tankvorgang sind deshalb nicht mehr als drei Minuten erforderlich. Mit einer Ladung soll man 850 Kilometer weit kommen – bei 80 km/h. Im Eco-Modus sind sogar 1200 Kilometer erreichbar. Mehr als 300 km/h lautet die Topspeed-Angabe, der Sprint dauert 2,5 Sekunden. Das Nachtanken soll drei Minuten dauern. Der Eigner darf sich freuen über vier E-Motoren, einen Gitterrohrrahmen aus Chrom-Molybdän-Stahlrohren, eine Carbon-Karosserie, Allradantrieb und ein futuristisches, technisches Design. Nathalie soll übrigens nicht stehenbleiben, wenn die Batterie leer ist. Sobald das Fahrzeug in drei Minuten mit frischem Methanol betankt ist, geht es weiter – perspektivisch ergeben sich ganz neue Möglichkeiten für den Einsatz in Gegenden ohne Ladeinfrastruktur. Diese Art von Mobilität soll 499.800 Euro kosten und wiegt 1600 Kilo.

Baujahr	seit 2019
Motor-Bauart	vier E-Motoren
Hubraum (cm³)	entfällt
Leistung (PS/U/min)	408-816
Vmax in (km/h)	300
Bauart	Coupé

IDENION

Isdera Spyder 033i

Kompakter und schlanker kam der bereits 1982 präsentierte Spyder daher – ein verdeckloser zweisitziger Mittelmotor-Sportwagen, der anfangs von einem Golf-GTI-Motor angetrieben und später mit leistungsstärkeren Vier- und Sechszylindern von Mercedes-Benz ausgerüstet wurde. Spitzenmotorisierung war Mitte der 90er Jahre der 3,6-Liter-AMG-Reihensechszylinder mit 265 PS, der den windschlüpfigen Spyder 250 km/h schnell machte. Zu diesem Zeitpunkt endete auch die Fertigung. Wie bei allen Isdera-Fahrzeugen blieben auch hier die hergestellten Stückzahlen im niedrigen zweistelligen Bereich.

Baujahr	1982- ca. 1995
Motor-Bauart	Vier- und Sechszylinder (Reihe)
Hubraum (cm³)	1781, 2299, 2962, 3596
Leistung (PS/U/min)	136 bei 6200 bis 265 bei 6000
Vmax in (km/h)	220 bis 250
Bauart	Roadster

Isdera Imperator 108i

Mehr als Fingerübung und Schaufenster für die eigene technische Kompetenz sind die hoch exklusiven Supersportwagen von Eberhard Schulz zu verstehen, die in kleinsten Stückzahlen seit den frühen 80er Jahren entstehen. Der Ingenieur übernimmt vornehmlich Entwicklungsaufträge für die Automobilindustrie, seine Leidenschaft gehört aber seinen extravaganten Isdera-Sportwagen. Erstes „in Serie" hergestelltes Modell war der Imperator 108i von 1983, der auf technischen Komponenten der Mercedes-Benz S-Klasse (W 126) basiert und von einem 5 bzw. 5,6 Liter großen V8 befeuert wird. Ein Juwel in der deutschen Sportwagenlandschaft, das mehr Aufmerksamkeit erregt als jeder italienische Exot.

Baujahr	1983-2001
Motor-Bauart	V8
Hubraum (cm³)	4973, 5547
Leistung (PS/U/min)	235 bei k.A. bis 365 bei k.A.
Vmax in (km/h)	250
Bauart	Coupé

Baujahr	seit 1993
Motor-Bauart	Vierzylinder (Reihe)
Hubraum (cm³)	1998, 2198
Leistung (PS/U/min)	150 bei 6000 bis 284 bei k.A.
Vmax in (km/h)	210 bis 260
Bauart	Roadster

Irmscher 7

Eine Ikone des Sportwagenbaus ist seit 50 Jahren der Super Seven, einst im Original von Lotus produziert und später von Caterham weiterentwickelt und perfektioniert. Zahlreiche Nachbauten oder sollte man sagen Kopien dieser reinrassigen Fahrmaschine kamen im Lauf der Jahre auf den Markt – manche billig und schlecht, andere teuer und gut. Auch der Opel-Tuner Irmscher aus Winnenden bei Stuttgart bedient seit einigen Jahren diesen Markt. Freilich ist sein 7, der als Bausatz wie als Komplettfahrzeug erhältlich ist, ein höchst seriös gemachtes Qualitätsprodukt. Als Basis dienen Technikkomponenten aus dem Opel-Regal. Mit Motorleistungen von 150 bis 284 PS bei einem Fahrzeuggewicht von etwas über 750 kg bleiben keine Fragen offen.

Kurek GT7

Der Mann ist bewundernswert – schon früh wollte er seinen eigenen Sportwagen bauen (gar nicht mal in Serie, sondern nur so für sich). Und er verwirklichte den Traum: Der Münsteraner Heinz Kurek begann in den 1970er Jahren mit dem Bau eines Sportlers, der möglichst wie der Porsche 904 aussehen sollte, aber innen Modernität ausstrahlen musste. 1998 war dann endlich der Kurek GT6 fertig – erstanden mit vielen Mühen und in Zusammenarbeit mit dem TÜV Süd. Die Karosserie bestand auf Kunststoff, der Überrollkäfig war mit dem Rahmen fest verbunden. Als Mittelmotor arbeitete ein Sechszylinder-Boxer von Porsche mit 3,2 Litern, Hubraum. Damit waren schon 270 km/h möglich. 2004 stellte Kurek den Nachfolger vor, den Kurek GT7. Ein Einzelstück, aber absolut beachtenswert – nicht nur wegen seines wunderbaren-Retrodesigns: nur 797 Kilo schwer, wieder 270 km/h schnell, diesmal mit 2,7-Liter-Boxer, Treibstoffverbrauch weniger als sieben Liter pro 100 Kilometer. Ein Sportwagen ganz eigener Art …

Baujahr	2004
Motor-Bauart	Sechszylinder-Boxer
Hubraum (cm³)	2687
Leistung (PS/U/min)	220 bei k.A.
Vmax in (km/h)	270
Bauart	Coupé

Lotec Sirius

Baujahr	seit 2000
Motor-Bauart	V8
Hubraum (cm³)	5987
Leistung (PS/U/min)	1000-1200 bei 6300
Vmax in (km/h)	400
Bauart	Coupé

Der Kolbermoorer Kfz-Meister Kurt Lotterschmidt, der auch ein überzeugter Racer war, bekam 1990 Besuch von einem Ölscheich, der nichts weniger haben wollte als das schnellste Auto der Welt. Naja, eigentlich ging der Ölscheich zu Mercedes, aber die Stuttgarter wendeten sich daraufhin an Lotterschmidt. Daraus resultierte zunächst der Lotec 1000C. Es folgte der Sirius: Das Team entschied sich für ein Carbon-Chassis, 1000 PS wurden angepeilt. Der Sirius bekam den Sechsliter-V12 von Mercedes, der dank zweier Spezial-KKK-Turbolader rund 1000 PS stark wurde, beim maximalen Ladedruck von 1,20 bar sogar 1200 PS. Der Sprint gelang in 3,8 Sekunden, auf 200 km/h war man in 7,8 Sekunden. Laut Lotec-Website kann man noch heute einen bestellen …

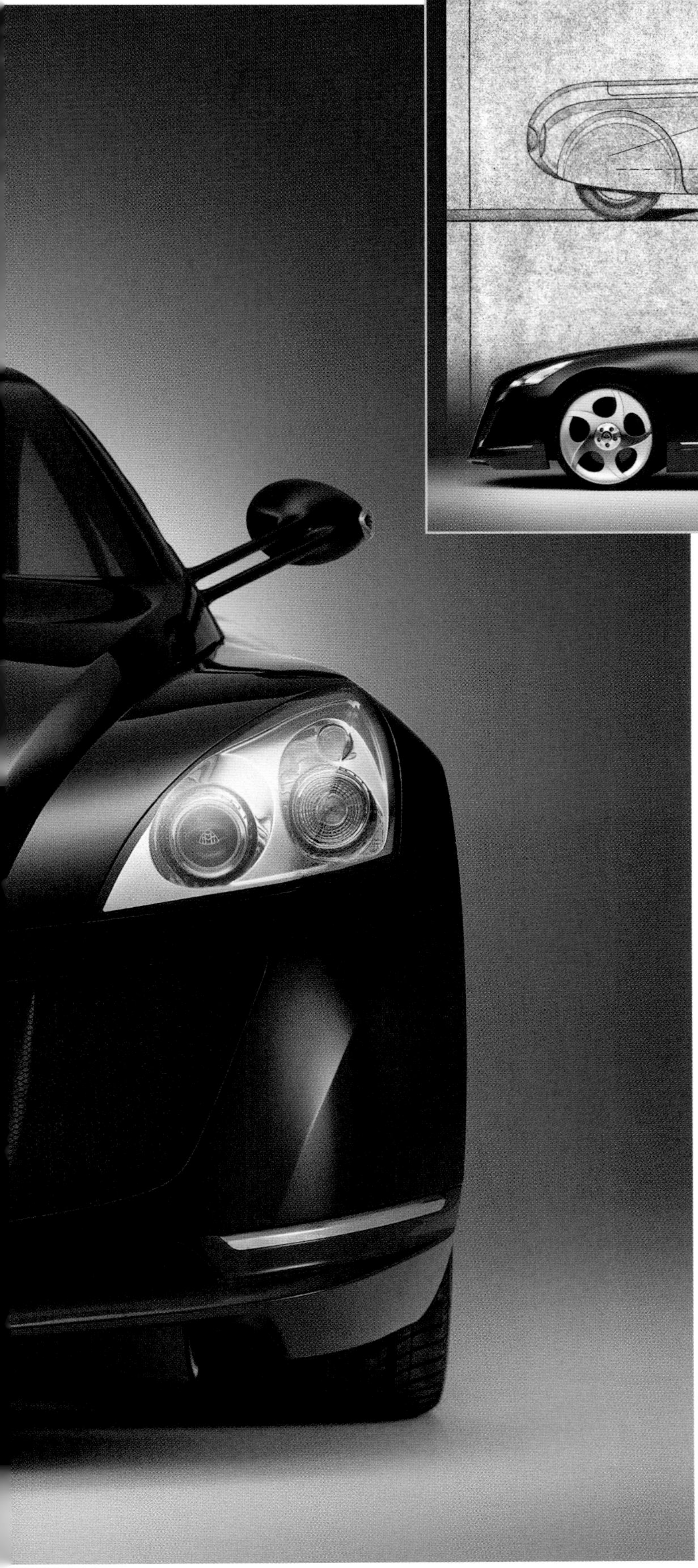

Maybach Exelero

Das Maybach-Abenteuer von Mercedes-Benz war nicht von großem Erfolg gekrönt – was unter anderem auch daran lagt, dass die edlen Riesenlimousinen der normalen S-Klasse optisch zu ähnlich waren. Das konnte man beim Exelero nicht behaupten. Der 2,7-Tonnen-Luxussupersportler war allerdings nur eine Machbarkeitsstudie von 2003, die Mercedes gemeinsam mit Reifenhersteller Fulda auf die 23 Zoll großen Räder stellte.

Unter der Haube steckte ein 5,9-Liter-Biturbo-V12, der 700 PS und 1020 Nm auf die Hinterräder abgab. Das ermöglichte Test-Tempi von mehr als 350 km/h.

Im Innenraum waren als Hauptmaterialien Naturleder, Neopren, beschichtetes Aluminium-Lochblech sowie glänzende Kohlefaseroberflächen in Schwarz und Rot verbaut. Im Frühjahr 2005 war das Fahrzeug fertig. Zwischen Idee und Auslieferung lagen gerade einmal 25 Monate.

Baujahr	2005
Motor-Bauart	V12-Biturbo
Hubraum (cm³)	5908
Leistung (PS/U/min)	700 bei 5000
Vmax in (km/h)	352
Bauart	Coupé

Melkus RS 1000

Auch in der DDR gab es einen echten Sportwagen. 1969 stellt der Dresdener Rennfahrer und Konstrukteur Heinz Melkus den von ihm in Eigeninitiative konstruierten und gebauten RS 1000 vor. Der hübsche Flügeltürer übernahm die technische Basis des Wartburg 353 mit seinem Kastenrahmen und dem Dreizylinder-Zweitakter. Die Leistung des vor der Hinterachse platzierten Triebwerks wurde auf 70 PS gesteigert. Natürlich hatte Melkus seinem Mittelmotor-Renner Hinterradantrieb verpasst. Wer einen der schnell zum Kultauto des Ostens avancierten RS 1000 haben wollte, brauchte freilich exzellente Beziehungen und ein prall gefülltes DDR-Mark-Konto.

Baujahr	1969-1980
Motor-Bauart	Dreizylinder-Zweitaktmotor
Hubraum (cm³)	993, 1100
Leistung (PS/U/min)	70 bis 90 bei 3500
Vmax in (km/h)	160 bis 175
Bauart	Coupé

Baujahr	seit 2009
Motor-Bauart	Vierzylinder (Reihe)
Hubraum (cm³)	2000
Leistung (PS/U/min)	325 bei 6500 bis 375 bei 6500
Vmax in (km/h)	130 270 bis 300 160
Bauart	Coupé

Melkus RS2000 GT/GTS

Sohn und Enkel des legendären, 2005 verstorbenen DDR-Sportwagen-Konstrukteurs Heinz Melkus realisierten 2009 ein ambitioniertes Sportwagenprojekt in Dresden. Der weniger als 1000 kg wiegende Melkus RS2000 zitierte die Lotus-Elise-Philosophie einer kompakten, leichten, leistungsstarken Mittelmotor-Fahrmaschine, ließ dabei aber Komfortaspekte und den Einsatz elektronischer Fahrhilfen keineswegs außer Betracht. Ein knapp 1,8 Liter großer Toyota-Vierzylinder mit Kompressor sorgte mit 270 PS für Kraft in allen Lebenslagen. Die aktuellen Modelle GT und GTS sind schon – mit 2 Litern Hubraum – bei 325 bzw. 375 PS angelangt – zu Preisen deutlich jenseits der 100.000-Euro-Grenze.

Mercedes-Benz S, SS, SSK, SSKL

Baujahr	1927-1933
Motor-Bauart	R6
Hubraum (cm³)	6800 bis 7065
Leistung (PS/U/min)	120 bis 300
Vmax in (km/h)	170 bis 235
Bauart	Roadster

Diese Mercedes-Benz-Modelle haben noch heute einen sagenhaften Ruf – nicht nur deshalb, weil auch sie von Ferdinand Porsche konstruiert worden sind, der damit sein besonderes Talent für Sportwagen beweist. Der Typ S (S für „Super") ist schon 1927 und 1928 der beliebteste Sportwagen überhaupt. 1928 folgt der SS (Super Sport), 1929 der SSK (Super Sport Kurz), 1931 der SSKL (Super Sport Kurz Leicht), wobei „leicht" diskutabel ist – das Auto wiegt mit Karosserie 1750 Kilogramm. In den Händen von kundigen Rennfahrern donnern die Autos, die es wahlweise mit und ohne Kompressor gibt, die Konkurrenz in Grund und Boden – auf der Piste und auf der Straße. Wobei der PS-Schub des Roots-Zweiflügel-Gebläses eigentlich nur kurzfristig einsetzen soll, so zum Beispiel am Berg oder beim Überholen. Insgesamt werden aber nicht mehr als 300 Exemplare dieser Baureihe hergestellt. Als einfachster Typ kostet der Sport-Viersitzer Typ S 30.000 Reichsmark. Der SSKL, den es nur als Rennsport-Zweisitzer gibt, kostet schier unglaubliche 40.000 Reichsmark.

Mercedes-Benz 220 Coupé

Baujahr	1951-1955
Motor-Bauart	Sechszylinder (Reihe)
Hubraum (cm³)	2195
Leistung (PS/U/min)	80 bei 4850 bis 85 bei 4800
Vmax in (km/h)	145
Bauart	Cabriolet, Coupé

Nur ganze 85 Exemplare dieses sportlich-eleganten Coupés verließen die Hallen der Daimler-Benz AG. Ab 1953 war es auf Basis des Cabriolet A für einen Verkaufspreis von knapp 21.000 DM ins Modellprogramm aufgenommen worden. Das hoch exklusive Fahrzeug verfügte über einen 2,2 Liter großen Reihensechszylinder, der zunächst 80 und ab Frühjahr 1954 85 PS zur Verfügung stellte. Damit hatte das 220er Coupé in Sachen Fahrleistungen allenfalls einige Porsche 356 und natürlich die absoluten Könige der Mercedes-Modellpalette zu fürchten, den herrschaftlichen 300 S und den Supersportwagen seiner Zeit, den 300 SL Flügeltürer.

Baujahr	1954-1957
Motor-Bauart	Sechszylinder (Reihe)
Hubraum (cm³)	2996
Leistung (PS/U/min)	215 bei 5800
Vmax in (km/h)	235
Bauart	Coupé

Mercedes-Benz 300 SL Coupé

Der Flügeltürer war und ist die Inkarnation des deutschen Nachkriegs-Supersportwagens. Hochkarätige Technik und der unwiderstehliche Rennsport-Appeal machten das Flügeltüren-Coupé zu einer echten Legende. Besonders bequem und bedienungsfreundlich war er zwar nicht, und auch seine Fahreigenschaften sorgten mitunter für beschleunigten Pulsschlag hinter dem Volant, aber seine Ausstrahlung war stets unvergleichlich.

Baujahr	1955-1963
Motor-Bauart	Vierzylinder (Reihe)
Hubraum (cm³)	1897
Leistung (PS/U/min)	105 bei 5700
Vmax in (km/h)	171
Bauart	Cabriolet

Mercedes-Benz 190 SL

Weniger als Straßensportwagen im klassischen Sinne, denn als angenehmes Reise-Cabriolet war der 190 SL zu sehen. Mit seinem leistungsgesteigerten 1,9-Liter-Motor und 105 PS schaffte er ganz ansehnliche Fahrleistungen, und auch seine Ausstattung ließ keine Wünsche offen, doch seine optische Anlehnung an den Vollblutsportwagen 300 SL schadete ihm mehr, als sie ihm nutzte. Dessen ganz spezielle Art der Ausstrahlung blieb dem 190 SL zeitlebens verwehrt.

Baujahr	1957-1963
Motor-Bauart	Sechszylinder (Reihe)
Hubraum (cm³)	2996
Leistung (PS/U/min)	215 bei 5800
Vmax in (km/h)	220 bis 250
Bauart	Cabriolet

Mercedes-Benz 300 SL Roadster

Der Roadster zeigte sich gegenüber dem Coupé als das etwas zivilisiertere Fahrzeug. Für besseren Einstiegskomfort sorgte ein abgeänderter Gitterrohrrahmen. Kurbelfenster und das perfekt sitzende Verdeck machten den Aufenthalt im SL auch für weniger komfortorientierte Insassen angenehm. Unter dem Blech sorgte eine modifizierte Hinterachse für ein berechenbareres Fahrverhalten – den großartigen Dreiliter-Reihensechszylinder mit Benzineinspritzung ließ man zum Glück so, wie er war.

Baujahr	1961-1971
Motor-Bauart	Sechszylinder (Reihe)
Hubraum (cm³)	2195, 2496, 2778
Leistung (PS/U/min)	120 bei 4800 bis 160 bei 5500
Vmax in (km/h)	172 bis 193
Bauart	Coupé, Cabriolet

Mercedes-Benz 220 SE, 250 SE, 280 SE Coupé und Cabriolet (W 111)

Wie üblich platzierte Daimler-Benz neben seine Mercedes-Limousinen auch eine darauf basierende Coupé- und Cabriolet-Baureihe. Formal geglättet und ohne Heckflossenansätze wusste die zeitlose Linienführung des 1961 präsentierten 220 SE Coupé auf Anhieb zu begeistern. Diese Fahrzeuge waren als vollwertige Viersitzer konzipiert und erschlossen damit einen breiteren Kundenkreis als die Vorgängermodelle. Die Motorleistungen stiegen mit den Hubräumen von 120 PS aus 2,2 Litern auf bis zu 160 PS aus 2,8 Litern Hubraum.

Baujahr	1963-1971
Motor-Bauart	Sechszylinder (Reihe)
Hubraum (cm³)	2281, 2496, 2778
Leistung (PS/U/min)	150 bei 5500 bis 170 bei 5750
Vmax in (km/h)	190 bis 200
Bauart	Cabriolet

Mercedes-Benz 230 SL, 250 SL, 280 SL

Nach den beiden Extremen 300 SL und 190 SL bekam die Roadster-Tradition der Untertürkheimer im Jahre 1963 eine neue Akzentsetzung. Mit dem 230 SL wurde ein klares, neues Modellkonzept geschaffen. Zeitlos-sportliche Formgebung, eine ausgereifte Verdeckkonstruktion, perfekt sitzendes Hardtop und stramme Motorisierung kennzeichneten das hier vorgestellte „Pagoden"-Modell. Der Spitzname rührt übrigens von der charakteristischen Form des Hardtopdach-Mittelteils her.

S NN 1938

Mercedes-Benz 300 SEL 6.3

Angesichts der damaligen Modellpalette der Daimler-Benz AG erschien der legendäre 6,3er ein wenig wunderlich. Hier hatte man es weniger mit einer lautlos gleitenden Komfortlimousine als mit einem unerwartet rauen PS- und Drehmomentmonster zu tun, das auf der linken Autobahnspur bei so manchen Porsche-Fahrern für alptraumhafte Erfahrungen sorgte. Auf dem verlängerten Radstand der damaligen Oberklasse-Limousinenbaureihe W 108 bot der 6,3 wahrlich sportwagenmäßige Leistungsdaten und erwies sich sogar als vergleichsweise fahraktiv. Dafür sorgten der aus dem 600er übernommene riesige 6,3-Liter-Einspritz-V8, der 250 bestens im Futter stehende PS von der Leine ließ, sowie ein souveränes Fahrwerk mit Luftfederung.

Baujahr	1967-1972
Motor-Bauart	V8
Hubraum (cm³)	6330
Leistung (PS/U/min)	250 bei 4000
Vmax in (km/h)	221
Bauart	Limousine

Mercedes-Benz C 111

Bis heute strahlt der Ruhm dieses Supersportwagens von Mercedes-Benz nach, der 1969 erstmals auf der Bildfläche erschien, obwohl dieser Typ nie über den Status eines Experimentalfahrzeugs hinaus kam. Zunächst mit einem – damals zukunftsträchtigen – Wankelmotor sowie einer hoch attraktiven Sportwagenkarosserie ausgerüstet, begeisterte das Mittelmotorauto das Publikum und manch zahlungskräftiger Mercedes-Kunde hoffte auf eine Kleinserienproduktion – vergeblich. Auch in seinen drei weiteren, zum Teil tiefgreifend veränderten Versionen blieb der C 111 stets Versuchsträger.

Baujahr	1969-1979
Motor-Bauart	Wankel, Fünfzylinder (Reihe), V8
Hubraum (cm³)	4 x 600, 2998, 4973
Leistung (PS/U/min)	190 bei k.A. bis 500 bei k.A.
Vmax in (km/h)	250 bis 330
Bauart	Coupé

Mercedes-Benz C 112

Einen ähnlichen Hintergrund wie sein nomineller Vorgänger, der C 111, hatte der C 112, der 1991 der Öffentlichkeit vorgestellt wurde. Im Kleid eines Hochleistungs-Mittelmotorportwagens präsentierte sich dieser ebenfalls als Versuchsträger, hier nun für aerodynamische Forschungsarbeiten und Elektronikkomponenten. Ausgerüstet war der C 112 mit dem Sechsliter-V12 aus dem Roadster 600 SL mit rund 400 PS. Auch damals zückten liquide Enthusiasten sofort die Scheckbücher, um einen C 112 zu bestellen, doch wiederum entschied die Unternehmensleitung, das Fahrzeug nicht serienmäßig aufzulegen.

Baujahr	1991
Motor-Bauart	V12
Hubraum (cm^3)	5987
Leistung (PS/U/min)	408 bei 5200
Vmax in (km/h)	250
Bauart	Coupé

Mercedes-Benz 280 SL, 300 SL, 350 SL, 380 SL, 420 SL, 450 SL, 500 SL, 560 SL (R 107)

Als Nachfolger der „Pagoden"-Modelle hatten die neuen Roadster großen Markterfolg, obwohl sie rein äußerlich die Leichtigkeit der Linienführung der älteren Baureihe verloren hatten. Gleichwohl waren sie technisch erheblich verfeinert und rundum modernisiert worden. Vor allem die Einführung der V8-Maschine mit zunächst 3,5, später sogar mit bis zu 5,6 Litern Hubraum brachte auch neue Fahrleistungsdimensionen. Bis zum Herbst 1989 wurden die alten Roadster ständig modellgepflegt und repräsentierten noch durchaus zeitgemäßen technischen Standard – selbst nach fast 20 Jahren Bauzeit.

Baujahr	1971-1989
Motor-Bauart	Sechszylinder (Reihe), V8
Hubraum (cm³)	2746, 3499, 3818, 4196, 4520, 4973, 5547
Leistung (PS/U/min)	177 bei 6000 bis 240 bei 4750
Vmax in (km/h)	205 bis 225
Bauart	Cabriolet

Mercedes-Benz 280 SLC, 350 SLC, 380 SLC, 450 SLC, 450 SLC 5,0, 500 SLC (C 107)

Anfang der 1970er Jahre machte es sich Mercedes einfach mit dem Bau eines fünfsitzige Sportcoupés. Die Stuttgarter nahmen einfach den existierenden SL und ließen ihn bis zur Windschutzscheibe unangetastet. Die Dachkonstruktion wirkte überlang aufgrund der sehr flach auslaufenden Heckscheibe, der Radstand wuchs tatsächlich von 2460 auf 2820 Millimeter. Das Problem der hinteren Seitenfenster löste Mercedes mit durchaus umstrittenen doppelt verglasten Sichtblenden mit eingebauten Lamellen. Top-Modell war der über 62.000 D-Mark teure 500 SLC mit 240 PS, gebaut von 1980 bis 1981.

Baujahr	1971-1981
Motor-Bauart	Sechszylinder (Reihe), V8
Hubraum (cm^3)	2746, 3499, 3818, 3839, 4520, 5025
Leistung (PS/U/min)	177 bei 6000, 185 bei 6000, 195 bei 5500, 200 bei 5800, 204 bei 5250, 217 bei 5000, 218 bei 5500, 225 bei 5000, 240 bei 5000
Vmax in (km/h)	205, 212, 215, 218, 225
Bauart	Coupé

Mercedes-Benz SL (R 129)

Nach dem Dauerläufer-SL R 107, der fast 20 Jahre das Bild des Mercedes-Roadsters prägte, wurde das 1989 vorgestellte Nachfolgemodell vom Typ R 129 unangefochten wieder zum Bannerträger sämtlicher offener Sportwagen. Optisch und technisch markierte er einen Quantensprung zum Vorgänger und war zu Produktionsbeginn so begehrt, dass sogar – sehr zum Missfallen von Daimler-Benz – offen mit Kaufverträgen spekuliert wurde. Natürlich legte sich diese Hysterie bald wieder, aber der SL blieb mit seiner Motorenpalette vom Sechs- bis zum Zwölfzylinder weiterhin das Referenzfahrzeug in diesem kleinen, aber zu Beginn der 90er Jahre stetig wachsenden Marktsegment.

Baujahr	1989-2001
Motor-Bauart	Sechszylinder (Reihe), V6, V8, V12
Hubraum (cm³)	2799 bis 7291
Leistung (PS/U/min)	193 bei 5500 bis 525 bei 5500
Vmax in (km/h)	230 bis 307
Bauart	Roadster

Mercedes-Benz SL (R 230)

Dem aktuellen Trend folgend präsentierte Mercedes-Benz 2001 den Nachfolger des so beliebten SL der Serie R 129 mit einem faltbaren Hardtop. Mercedes-Benz selbst hatte diese innovative Technologie seinerzeit beim SLK weltweit mit großem Erfolg eingeführt. Auch in seiner sonstigen Gestaltung wirkte der neue SL deutlich modischer und stärker auf Effekte bedacht als das in der Mercedes-Tradition bislang üblich war. In technischer Hinsicht war er – wie gewohnt – die klare Nummer 1. Kräftige Motoren, vom Sechszylinder-Basismodell bis hin zum V12 mit 500 oder in AMG-Version gar mit 612 PS, ein ausgezeichnetes Fahrwerk und modernste Sicherheitsfeatures zeichnen ihn aus.

Baujahr	2001-2011
Motor-Bauart	V6, V8, V12
Hubraum (cm³)	2996 bis 5980
Leistung (PS/U/min)	231 bei 6000 bis 612 bei 5000
Vmax in (km/h)	230 bis 250
Bauart	Cabrio

Mercedes-Benz SL 65 AMG Black Series (R 230)

Auf 350 Stück limitiert war eine Sonderserie namens „Black Series", die es vom zwölfzylindrigen SL nur als Coupé gab. Unter der Haube schlummerten gigantische 670 PS – so stark war bislang noch kein AMG-Straßenmodell. 2,79 Kilo pro PS sprachen eine deutliche Sprache: Damit waren 320 km/h möglich, die allerdings auch noch elektronisch begrenzt wurden. Dieses Modell erhielt als AMG-Neuheit ein Gewindefahrwerk, das ESP war in drei Stufen wählbar. Für so ein Black Series wurden allerdings auch 327.250 Euro fällig.

Baujahr	2008-2011
Motor-Bauart	V12-Biturbo
Hubraum (cm³)	5980
Leistung (PS/U/min)	670 bei 5400
Vmax in (km/h)	320
Bauart	Coupé

V12
BITURBO

Baujahr	2012-2020
Motor-Bauart	V6, V6-Biturbo, V8-Biturbo
Hubraum (cm³)	2996, 3498, 4663
Leistung (PS/U/min)	306 bei 6500, bis 455 bei 5250
Vmax in (km/h)	250
Bauart	Roadster

Mercedes-Benz SL 350, SL 400, SL 500 (R 231)

Den Genuss des luxuriösen Offenfahrens im neuen, in jeder Hinsicht gewachsenen Mercedes SL ließen sich die Stuttgarter recht fürstlich belohnen: Die kleinste Variante mit 350 PS starkem V6 kostete schon fast 94.000 Euro. Mit dem Flaggschiff (abgesehen von den AMG-Versionen), dem 500 SL, war man zuerst mit 435 PS unterwegs, nach der Modellüberarbeitung 2015 waren es schon 455 PS. 2018 erhielt der 500 SL statt des bislang üblichen Siebengang-Getriebes eines mit neun Gängen, der Sprint blieb aber bei 4,3 Sekunden für 0 auf 100 km/h. Die Karosserie war um etwa 110 Kilo leichter als die des Vorgängers, weil fast nur noch Aluminium verbaut wurde – wobei die Spitzenmodelle trotzdem an zwei Tonnen Gewicht herankamen, was dem ursprünglichen Roadster-Gedanken natürlich nicht unbedingt entspricht. Wie bei fast allen „normalen" Mercedes war die Höchstgeschwindigkeit auf 250 km/h begrenzt. Das Dach brauchte zum Öffnen und Schließen je rund 20 Sekunden, der Kofferraum schluckte bei geöffnetem Dach immerhin noch 241 Liter.

Mercedes SL 65 AMG (R 231)

Es ging tatsächlicher noch exklusiver, als im SL 63 AMG offen zu fahren – nämlich im SL 65 AMG. Da steckte dann der V12-Biturbo unter der Alu-Haube. 630 PS machten ihn fast unschlagbar – im Segment der Roadster hatte er sowieso keinen Gegner. Auf den ersten Blick unterschieden ihn zum Achtzylinder die Karosserieapplikationen in Chrom, die speziellen 19-Zoll-Leichtmetallfelgen und die beiden Doppelendrohre. So viel Exklusivität hatte ihren Preis: 236.334 Euro. Für die Freischaltung auf 300 km/h Spitze dank AMG Performance Package musste man noch etwas drauflegen …

Baujahr	2012-2018
Motor-Bauart	V12
Hubraum (cm³)	5980
Leistung (PS/U/min)	630 bei 4800-5400
Vmax in (km/h)	250
Bauart	Roadster

Mercedes-AMG SL (R232)

Mit der achten Generation des Mercedes SL kehrt Mercedes (endlich) wieder zurück zum Sportwagen: AMG baut den Roadster, der AMG GT bildet dabei die Basis. Der R232 soll wesentlich kleiner werden als der Vorgänger und mit Stoffdach statt mit Variodach wie beim Vorgänger R231 auf den Markt kommen. Kurz: Mercedes verleiht dem „L" wie „Leicht" im Modellnamen wieder mehr Gewicht. Auch wenn bei Redaktionsschluss dieses Buches noch längst nicht alle technischen Daten veröffentlicht sind, steht außerdem fest: Erstmals wird es beim SL ein Allradmodell geben, an Bord ist eine Hinterradlenkung, die Kraft wird über eine Neungangautomatik übertragen, im Fond sollen wieder Kinder sitzen können. Im einem möglichen Topmodell SL 73 e könnte ein V8 mit bis zu 800 PS stecken. Der V12 ist allerdings Geschichte.

Baujahr	seit 2021
Motor-Bauart	V8-Biturbo, V8-Biturbo + E-Motor
Hubraum (cm^3)	k.A.
Leistung (PS/U/min)	k.A.
Vmax in (km/h)	k.A.
Bauart	Roadster

Mercedes-Benz 380 SEC, 420 SEC, 500 SEC, 560 SEC (C 126)

Das „S-Klasse-Einspritzmotor-Coupé" basierte auf der Mercedes S-Klasse der Baureihe 126, war aber um 85 Millimeter kürzer. Außer zwei Türen weniger unterscheidet es sich sonst nur in Details vom großen Bruder wie zum Beispiel dem großen Stern im Grill, der den Stern auf der Haube ersetzen sollte. Als edles Coupé war der Zweisitzer teurer als die Limousine und nur mit V8-Motoren zu haben, die – ohne leistungsminderen Kat an Bord – bis zu 299 PS boten.

Baujahr	1981-1991
Motor-Bauart	V8
Hubraum (cm³)	3818 bis 5547
Leistung (PS/U/min)	204 bei 5250 bis 299 bei 5200
Vmax in (km/h)	210 bis 230
Bauart	Coupé

Mercedes-Benz 190 E 2.3-16

Mit der 190er Baureihe hatte Mercedes-Benz im Zeichen des in den frühen achtziger Jahren wieder erwachenden Sportsgeistes der Marke eine ideale technische Basis. Der auf 2,3 Liter vergrößerte Vierzylinder des neuen Sportmodells bekam neben anderen Verbesserungen einen leistungsfördernden Vierventil-Zylinderkopf; einige Kunststoffanbauteile inklusive auffälligem Heckspoiler sowie eine sportive Innenausstattung rundeten das ungewöhnlich attraktive Paket ab. Der 2.3-16 mit seinen 185 PS gab der Marke – nicht zuletzt durch seine späteren Auftritte im Rahmen der boomenden Deutschen Tourenwagen-Meisterschaft (DTM) – einen enormen Imageschub, von dem sie bis heute profitiert.

Baujahr	1983-1988
Motor-Bauart	Vierzylinder (Reihe)
Hubraum (cm³)	2299
Leistung (PS/U/min)	170 bei 5800 bis 185 bis 6200
Vmax in (km/h)	220 bis 230
Bauart	Limousine

Baujahr	1989
Motor-Bauart	Vierzylinder (Reihe)
Hubraum (cm³)	2463
Leistung (PS/U/min)	195 bei 6800 bis 204 bei 6750
Vmax in (km/h)	225
Bauart	Limousine

Mercedes-Benz 190 E 2.5-16 Evo I

Ab etwa Mitte der 1980er Jahre engagierte sich Mercedes-Benz wieder verstärkt im Motorsport. Hauptaugenmerk lag zunächst auf der Deutschen Tourenwagen Meisterschaft (DTM) mit dem seinerzeit aktuellen 190er. Um an dieser publikumsträchtigen Rennserie teilnehmen zu können, musste zuerst ein adäquates Fahrzeug serienmäßig in einer gewissen Stückzahl hergestellt werden. Als erste Evolutionsstufe dieses 190 E 2.5 mit 16-Ventil-Vierzylinder und 195 PS startete der 190 E 2.5-16 Evo ab Frühjahr 1989 durch – eine auf die Erfordernisse des Motorsports stärker abgestimmte Version mit aerodynamischen Optimierungen und veränderten Radhäusern.

Baujahr	1990
Motor-Bauart	Vierzylinder (Reihe)
Hubraum (cm³)	2463
Leistung (PS/U/min)	235 bei 7200
Vmax in (km/h)	240
Bauart	Limousine

Mercedes-Benz 190 E 2.5-16 Evo II

Die zweite Evolutionsstufe des 190 E 2.5 zündete Mercedes-Benz von Mai bis Juli 1990 als in limitierter Auflage der Evo II gefertigt wurde. Schon von außen ließ er wissen, dass er es ernst meinte mit dem motorsportlichen Einsatz. Ein monströser Heckflügel und üppige Kotflügelverbreiterungen sowie eine Leistungssteigerung auf 235 PS aus dem 2,5 Liter großen Sechzehnventil-Vierzylinder markierten den Höhepunkt der 190er Entwicklung. In der DTM-Saison 1992 zahlten sich die ganzen Bemühungen von Mercedes-Benz aus: mit dem Evo II dominierte man die Meisterschaft nach Belieben und sicherte sich überlegen den Titel.

Mercedes-Benz 500 E (W 124)

Seit ungefähr Mitte der achtziger Jahre war auch für Mercedes-Benz der Typus des sportlichen Hochleistungsautomobils nicht mehr tabu, zumal die Konkurrenz aus München und Ingolstadt ebenfalls in dieser kleinen aber feinen Marktnische unterwegs war. So beschloss man in Untertürkheim, die gutbürgerliche gehobene Mittelklasse der Baureihe W 124 mit einem extrem leistungsfähigen Spitzenmodell für eine ausgesuchte Kundschaft zu krönen. Der 500 E war mit dem zunächst 326, später 320 PS starken Fünfliter-V8 aus der S-Klasse bzw. den SL-Modellen ausgerüstet. Außer leicht ausgestellten vorderen Kotflügeln war der 500 E nicht von seinen Brüdern zu unterscheiden. Immerhin rund 10.500 Fahrzeuge des bei Porsche gefertigten Understatement-Renners ließen sich in rund drei Jahren absetzen.

Baujahr	1991-1993
Motor-Bauart	V8
Hubraum (cm³)	4973
Leistung (PS/U/min)	326 bei 5700, 320 bei 5600
Vmax in (km/h)	250
Bauart	Limousine

Mercedes-Benz SLK (R 170)

1996 begeisterte Mercedes-Benz die Automobilwelt mit einem ganz neuen Sportwagenkonzept. Das seinerzeit boomende Segment der Mittelklasse-Cabriolets wurde durch eine ganz neue Spielart des offenen Autos durcheinander gewirbelt. Der neue SLK besaß als Top-Innovation ein elektrisch versenkbares Blech-Hardtop. Er kombinierte damit die Vorteile von Cabrio und Coupé – allerdings auf Kosten des auf ein Minimum reduzierten Kofferraumvolumens bei herunter geklapptem Dach. Dennoch wurde der zunächst ausschließlich mit Vierzylinder-Triebwerken lieferbare SLK ein Riesenerfolg. Mittlerweile hat eine Vielzahl von Herstellern ein Fahrzeug mit elektrischem Blech-Klappdach im Programm – dem SLK sei Dank!

Baujahr	1996-2004
Motor-Bauart	Vierzylinder (Reihe), V6
Hubraum (cm³)	1998 bis 3199
Leistung (PS/U/min)	136 bei 5500 bis 218 bei 5700
Vmax in (km/h)	205 bis 230
Bauart	Roadster

Baujahr	2001-2004
Motor-Bauart	V6-Kompressor
Hubraum (cm^3)	3199
Leistung (PS/U/min)	354 bei 6100
Vmax in (km/h)	250
Bauart	Roadster

Mercedes-Benz SLK 32 AMG

354 PS bei 6100/min und 450 Nm bei 4400/min – der scharfgemachte SLK kam bei den Kunden an. Nach bewährtem AMG-Rezept erhielt auch die kleine Roadster-Baureihe ihr Topmodell, hier steckte ein V6 mit Kompressor unter der Fronthaube. Der Motor war EU-4 zertifiziert und futterte problemlos normalen bleifreien Superkraftstoff. Das Fahrwerk wurde angepasst, der Kofferraumdeckel bekam eine Abrisskante. Die Presse attestierte dem knapp 1,5 Tonnen schweren SLK 32 AMG echte Sportwagengene, die Messwerte belegten diese Einschätzung. 2001 bezahlte man rund 110.000 D-Mark für das Auto, 2002 waren es 57.000 Euro.

Baujahr	2004-2011
Motor-Bauart	Vierzylinder (Reihe), V6, V8
Hubraum (cm³)	1796, 2996, 3498, 5439
Leistung (PS/U/min)	163 bei 5500 bis 400 bei 5750
Vmax in (km/h)	220 bis 250
Bauart	Roadster

Mercedes-Benz SLK (R 171)

Mercedes verabschiedete sich bei der 2004 eingeführten zweiten Generation seines Trendsetters SLK von den ruhigen, klaren, zeitlosen Linien des Vorgängers. Der neue Kompakt-Roadster zeigte sich eher rundlich-modisch gewandet mit Designzitaten vom SLR und den seinerzeitigen Formel-1-Boliden. Vom aufgeladenen 1,8-Liter-Vierzylinder, über verschieden starke V6- bis hin zu den AMG-V8-Triebwerken wurde ein Leistungsspektrum von 163 bis 400 PS abgedeckt.

Mercedes-Benz SLK; ab 2016 SLC (R 172)

Im Frühjahr 2011 folgte die dritte Generation der Erfolgs-Baureihe SLK. Unter Beibehaltung der gewohnten Proportionen orientiert sich die Optik des neuen Modells an Gestaltungselementen des Supersportwagens SLS AMG. Nochmals rundlicher und bulliger kommt der letzte SLK daher. Die angebotene Motorenpalette entspricht im Wesentlichen der des Vorgängermodells und reichte nun von 184 bis 422 PS für die AMG-Version namens SLK 55. Technisch stets auf der Höhe der Zeit hat sich diese Sportwagen-Baureihe von Mercedes-Benz seit 1996 einen treuen Liebhaberkreis erworben.

Baujahr	2011-2020
Motor-Bauart	Vierzylinder (Reihe), V6, V8
Hubraum (cm³)	1796, 2143, 3498, 5461
Leistung (PS/U/min)	184 bei 5250 bis 422 bei 6800
Vmax in (km/h)	230 bis 250
Bauart	Roadster

S MB 8207

Baujahr	2016-2020
Motor-Bauart	V6-Biturbo
Hubraum (cm³)	2996
Leistung (PS/U/min)	367 bei 6000 bis 390 bei 6000
Vmax in (km/h)	250
Bauart	Roadster

Mercedes-AMG SLC 43

Ab 2016 hieß der Roadster SLK nun SLC, somit löste der SLC 43 den SLK 55 AMG ab. Aber es änderte sich viel mehr als nur der Name: Statt eines direkteinspritzenden V8 saß jetzt ein V6-Biturbo unter der Haube. Er leistete zunächst 367 PS, wurde aber 2018 auf 390 PS gestärkt. Das reichte für den Sprint auf die prestigeträchtige 100er Marke in 4,7 Sekunden. Wie bei vielen anderen Modellen konnte der Kunde auch ein AMG-Sportpaket für seinen SLC ordern, das zum Beispiel Front- und Heckschürze sowie Seitenschweller von AMG beinhaltete, AMG-Leichtmetallräder und spezielle LED-Tagfahrlichtbänder. Zusätzlich gehörte eine stärkere Bremse dazu, eine tiefergelegte Karosserie und ein Sportfahrwerk. Ein echter AMG wurde der SLC dadurch aber noch lange nicht. 2019 offerierte Mercedes die „Final Edition" – mit ein paar Extras für mindestens 41.537 Euro. Ein Nachfolger ist nicht in Sicht.

Baujahr	1998-1999
Motor-Bauart	V12
Hubraum (cm³)	6898
Leistung (PS/U/min)	612 bei 6800
Vmax in (km/h)	320
Bauart	Coupé, Roadster

Mercedes-Benz CLK GTR

Mit dem Kernziel, das prestigeträchtige 24-Stunden-Rennen von Le Mans zu gewinnen, konzipierte AMG in Konkurrenz zum Porsche 911 GT1 und zum McLaren F1 einen waschechten GT-Rennwagen, von dem reglementbedingt 1998/99 auch einige straßenzugelassene Exemplare gefertigt wurden. Mit dem CLK Coupé der Serie hatte diese Version jedoch quasi nichts mehr zu tun. In den ultraflachen Renner mit Kohlefaser-Chassis war ein auf 6,9 Liter aufgebohrter V12-Motor mit 612 PS eingebaut, der den CLK GTR über 320 km/h schnell machte. Insgesamt wurden 25 Exemplare dieses Fahrzeugs bei AMG gebaut.

Mercedes-Benz CLK 55 AMG (C 208, A 208)

Auch die erste Generation der CLK-Klasse erhielt eine AMG-Speerspitze. Zwei Jahre nach der Präsentation von Coupé und Cabriolet mit dem internen Code 208 kam auch die AMG-Variante auf den Markt mit 347 PS und einem maximalen Drehmoment von 510 Newtonmetern. Wie üblich wurde der Vortrieb bei 250 km/h elektronisch gebremst, was zumindest fürs Cabriolet auch genug gewesen sein dürfte.

Baujahr	1997-2002
Motor-Bauart	V8
Hubraum (cm^3)	5439
Leistung (PS/U/min)	347 bei 5500
Vmax in (km/h)	250
Bauart	Coupé, Cabriolet

Mercedes-Benz CLK DTM AMG

Reichlich dramatisch war der Auftritt des 2004 in limitierter Auflage als Sondermodell vorgestellten CLK DTM AMG. Nur insgesamt 200 Exemplare dieses extremen Fahrzeugs, 100 Coupés und 100 Cabrios, wurden bei AMG gefertigt. Motorisiert war der CLK DTM AMG mit dem bekannten 5,5-Liter-V8, der hier jedoch mittels eines Kompressors auf 582 PS gebracht wurde. Von außen stachen vor allem die voluminösen Kotflügelverbreiterungen mit Lufteinlässen sowie die riesigen Räder ins Auge. Von seiner technischen Grundauslegung hatte der CLK DTM AMG jedoch nichts mit dem echten DTM-Auto zu tun, er basierte auf dem Serien-CLK.

Baujahr	2004
Motor-Bauart	V8-Kompressor
Hubraum (cm³)	5439
Leistung (PS/U/min)	582 bei 6100
Vmax in (km/h)	320
Bauart	Coupé, Cabriolet

Mercedes-Benz CLK 63 AMG (C 209, A 209)

Mal eben 114 PS mehr ist kein Pappenstiel – aber genau so viel zusätzliche Kraft bekam der neue CLK 63 AMG, der kurz nacheinander als Coupé und als Cabriolet zu haben war. Das Auto glänzte nun mit insgesamt 481 PS, was es auch befähigte, als offizielles Safety-Car bei der Formel 1 eingesetzt zu werden. Sechs Liter Hubraum und ein Hochdrehzahlkonzept hatte sonst niemand im Programm – so bot das Modell eine einzigartige Mischung aus Drehfreude und Durchzugskraft. Der Motor war der erste komplett in AMG-Eigenregie entwickelte Achtzylinder. Der Sprint gelang beim Coupé in 4,6 Sekunden – auch dank des neuen Siebengangegetriebes, das sich an die individuellen Bedürfnisse des Fahrers anpasste. Der Spaß kostete gut 87.000 Euro fürs Coupé und fast 93.000 Euro fürs Cabriolet.

Baujahr	2006-2010
Motor-Bauart	V8
Hubraum (cm³)	6208
Leistung (PS/U/min)	481 bei 6800
Vmax in (km/h)	250
Bauart	Coupé, Cabriolet

Mercedes-Benz CLK 63 AMG Black Series (C 209)

Ab 2007 war der CLK 63 AMG auch als „Black Series" zu haben – das ist das Synonym von AMG für noch schärfere Versionen. Als Black Series kam der CLK mit 507 PS für 141.610 Euro zum Kunden, der dann 300 km/h Spitze damit fahren konnte. Die Nachbarschaft staunte über einen Sprint von 0 auf 100 km/h in 4,3 Sekunden – nicht schlecht bei fast 1,8 Tonnen Gewicht.

Baujahr	2007-2009
Motor-Bauart	V8
Hubraum (cm³)	6208
Leistung (PS/U/min)	507 bei 7200
Vmax in (km/h)	300
Bauart	Coupé

Mercedes-Benz SLR McLaren (W 199)

Auf der IAA 2003 stand ein neuer Sportwagenhammer, ganz in Tradition von SSK und 300 SL – der SLR McLaren. Das Auto entstand in Partnerschaft mit dem Formel-1-Team McLaren, gebaut wurde der Über-GT im englischen Woking bei McLaren. Als Frontmittelmotor war ein 626 PS starker V8 eingebaut, der von einem Kompressor unterstützt wurde. Das Triebwerk wurde von AMG entwickelt und arbeitete als Basisausführung im SL 55 AMG. Neben der Form mit dem ewig langen Vorbau aufgrund zweier je 620 Millimeter langen Crashboxen, fiel die Airbrake auf: Auf dem Heck wartete eine Luftbremse auf Arbeit. Im Fahrbetrieb stand sie in einem Winkel von zehn Grad ab, bei starkem Bremsen stellte sie sich bis zu 65 Grad auf. Dadurch erhöhte sich sowohl der Luftwiderstand als auch der Druck auf die Hinterachse, was das Heck stabiler machte. Die Karosserie bestand aus Kunststoff (CFK). Das Getriebe war das stärkste, das bislang für Personenwagen entwickelt worden ist. So bestückt gelang der Sprint in 3,8 Sekunden. Auch als Roadster war der Supersportler zu haben. Gut 2100 Exemplare fanden insgesamt ihre neuen Besitzer – geplant waren einst allerdings 3500 Stück.

Baujahr	2004-2009
Motor-Bauart	V8-Kompressor
Hubraum (cm³)	5439
Leistung (PS/U/min)	626 bei 6500
Vmax in (km/h)	334
Bauart	Coupé, Roadster

Mercedes-Benz SLR 722 (W 199)

Ein 650 PS starkes Sondermodell war 2006 ein weiteres Ergebnis der Koproduktion von Mercedes und McLaren: der SLR 722. Sein Name erinnerte an den Mille-Miglia-Sieg von Stirling Moss mit einer Fabel-Zeit von 10:07,48 Stunden (Rekordschnitt von 157,651 km/h) im Jahr 1955; die 722 war seine Startnummer. Neben dem erstarkten Motor machten noch leicht andere Optik zum Beispiel der Frontschürze und des Heckdiffusors sowie eine Brembo-Carbon-Keramikbremse, 19-Zöller und eine Tieferlegung die Veränderungen zum Basismodell aus. Je 150 Stück von Coupé (Einstandpreis: 476.000 Euro) und Roadster wurden verkauft.

Baujahr	2006
Motor-Bauart	V8-Kompressor
Hubraum (cm^3)	5439
Leistung (PS/U/min)	650 bei 6500
Vmax in (km/h)	337
Bauart	Coupé, Roadster

Mercedes-Benz SLR Stirling Moss (Z 199)

2009 bot Mercedes die Edition „Stirling Moss" an – nichts anderes als ein 722 ohne jegliches Dach: Der gegenüber einem normalen SLR um gut 200 Kilo leichtere, flache Sportler war tatsächlich völlig offen, und bei Regen halfen nur schnelleres Fahren oder eine Möglichkeit zum Unterstellen suchen. Kleine Windabweiser versuchten, den Fahrwind an den Gesichtern vorbei zu leiten. Das Design sollte an den Mille-Miglia-300 SLR von 1955 erinnern. Technisch entsprach das außergewöhnliche Auto dem 722. Allerdings wurden lediglich 75 Exemplare gefertigt, dementsprechend hoch sind die Sammlerpreise für eine solche automobile Rarität, die als Neuwagen einst 892.500 Euro kostete.

Baujahr	2009
Motor-Bauart	V8-Kompressor
Hubraum (cm³)	5439
Leistung (PS/U/min)	650 bei 6500
Vmax in (km/h)	337
Bauart	Roadster

Mercedes-Benz CL 65 AMG (C 216)

Unter den von AMG veredelten Mercedes-Serienfahrzeugen darf das große Coupé der CL-Klasse als Spitzenprodukt gelten. Unter dem Namen CL 65 AMG wird hier eines der leistungsfähigsten Edel-Coupés der Welt angeboten. Befeuert wird der fast 2,3 Tonnen wiegende GT von einem sechs Liter großen V12-Biturbo-Triebwerk, das kaum vorstellbare 630 PS zur Verfügung stellt – alles natürlich durch zeitgemäße elektronische Steuer- und Regelsysteme abgepuffert und insofern auch von weniger begabten oder allzu übermütigen Autofahrern problemlos zu beherrschen.

Baujahr	2006-2013
Motor-Bauart	V12-Biturbo
Hubraum (cm^3)	5980
Leistung (PS/U/min)	630 bei 5000
Vmax in (km/h)	250
Bauart	Coupé

Mercedes-Benz S 63 AMG (W 221)

In der siebenjährigen Laufzeit der achtzylindrigen S-Klasse-Topversion namens S 63 AMG erlaubte sich Mercedes mittendrin einen Motorenwechsel. Zunächst wurde die Luxuslimousine mit 6,2-Liter-V8 samt Saugrohreinspritzung mit 525 PS angeboten, ab 2010 zog ein direkteinspritzender V8-Biturbo unter die Fronthaube, der für 544 PS aus knapp 5,5 Litern Hubraum sorgte. Optional gab es ein „Performance Paket", das unter anderem die elektronische Tempobegrenzung von 250 auf 300 km/h erhöhte.

Baujahr	2006-2013
Motor-Bauart	V8, V8-Biturbo
Hubraum (cm^3)	6208, 5461
Leistung (PS/U/min)	525 bei 6800, 544 bei 5500
Vmax in (km/h)	250
Bauart	Limousine

Mercedes-Benz S 65 AMG (W 221)

Der Zwölfzylinder S 65 AMG der Mercedes-Baureihe W 221 kam mit elektronisch abgeregelten 1000 Newtonmetern maximalem Drehmoment – da merkte man die mehr als 2,2 Tonnen Autogewicht kaum mehr außer in den Kurven. Spendierten die Stuttgarter ihrem Flaggschiff von 2006 bis 2010 612 PS, legten sie dann etwas nach, was letztlich 630 PS bedeutete. Mit der 5G-Tronic sprintete so ein Schlachtschiff in 4,4 Sekunden auf 100 km/h, trotzdem wurde bei 250 km/h die Höchstgeschwindigkeit abgeregelt.

Baujahr	2006-2013
Motor-Bauart	V12-Biturbo
Hubraum (cm³)	5980
Leistung (PS/U/min)	612 bei 4800-5100, 630 bei 4800
Vmax in (km/h)	250
Bauart	Limousine

63

Baujahr	2010-2013
Motor-Bauart	V8
Hubraum (cm³)	6208
Leistung (PS/U/min)	571 bei 6800
Vmax in (km/h)	320
Bauart	Coupé

Mercedes-Benz SLS AMG (C 197)

Das einstige Prestige- und Sahnestück der Mercedes-Modellpalette war der komplett von AMG entwickelte Flügeltürer SLS, der Erinnerungen an den legendären 300 SL der mittfünfziger Jahre wachrufen sollte. Technisch und in Sachen Leistungspotenzial ist der SLS ein echter Supersportwagen: Aluminiumrohrrahmen und -karosserie, Siebengang-Doppelkupplungsgetriebe vor der Hinterachse und ein 6,2-Liter-V8 mit 571 PS sprechen eine deutliche Sprache. Dennoch bietet der Wagen alle Sicherheits- und Komfortmerkmale eines Mercedes-Benz sowie jene unbedingte Alltagstauglichkeit, die man von einem Fahrzeug der Marke erwartet.

Mercedes-Benz SLS AMG Roadster (R 197)

Dem erfolgreichen SLS AMG Flügeltüren-Coupé folgt brandaktuell im Jahr 2011 eine Roadster-Version mit elektrisch versenkbarem Stofffaltdach. Während die Technikkomponenten des Roadsters mit denen des Coupés identisch sind, sorgen vielfältige Verstärkungsmaßnahmen in den Bereichen Windschutzscheibenrahmen, Türschweller und Mitteltunnel dafür, dass die Verwindungssteifigkeit der Offenversion sich der des Coupés annähert, um optimale Fahreigenschaften und Crashsicherheit zu gewährleisten.

Baujahr	2011-2013
Motor-Bauart	V8
Hubraum (cm³)	6208
Leistung (PS/U/min)	571 bei 6800
Vmax in (km/h)	317
Bauart	Cabriolet

Mercedes-Benz SLS AMG E-Cell

Schon 2010 stellte AMG eine elektrifizierte Version des Supersportlers SLS als Prototyp vor, den E-Cell. Vier permanenterregte Synchron-Elektromotoren sorgten für 533 PS Leistung. Das maximale Drehmoment betrug 880 Nm, was die serienmäßigen 650 Nm weit überflügelte. Die Reichweite wurde mit 200 Kilometer angegeben, die Höchstgeschwindigkeit mit 250 km/h – diesmal nicht abgeregelt. Beim Bremsen wurde rekuperiert, was die Batterie teils wieder auflud.

Baujahr	2010
Motor-Bauart	vier E-Motoren
Hubraum (cm³)	entfällt
Leistung (PS/U/min)	533
Vmax in (km/h)	250
Bauart	Coupé

Mercedes SLS GT AMG Coupé/Roadster

Ab 2012 gab es den GT Roadster und das GT Coupé mit erstarktem V8 zu kaufen, was 591 PS bedeutete und letztlich in 320 km/h Spitze umgesetzt werden konnte. Das maximale Drehmoment blieb konstant bei 650 Nm bei 4750 Umdrehungen. Wie bei der Basisausführung wurden die Hinterräder angetrieben, ein AMG-Speedshift-DCT-Siebengang-Sportgetriebe übernahm die Schaltarbeit.

Baujahr	2012-2014
Motor-Bauart	V8
Hubraum (cm³)	6208
Leistung (PS/U/min)	591 bei 6800
Vmax in (km/h)	320
Bauart	Coupé, Roadster

SLS AMG Coupé Black Series

Die Spitze der SLS-Baureihe markierte die Black Series mit 631 PS, die 2013 ein halbes Jahr lang angeboten wurde. Das maximale Drehmoment allerdings lag unter den Werten der Brüder und betrug nur noch 635 Nm. Damit waren auch nur noch 315 km/h Spitze möglich, der Sprint auf 100 km/h gelang allerdings in 3,6 Sekunden.

Baujahr	2013
Motor-Bauart	V8
Hubraum (cm³)	6208
Leistung (PS/U/min)	631 bei 7400
Vmax in (km/h)	315
Bauart	Coupé

Mercedes-Benz SLS AMG Electric Drive

2013 brachte AMG die Serienversion des SLS E-Cell in grellem Gelb – jetzt 751 PS stark und gesegnet mit einem maximalen Drehmoment von 1000 Nm. Die Kraft kam natürlich an allen vier Rädern an. Damit klappte der Sprint in 3,9 Sekunden. Die Höchstgeschwindigkeit war bei 250 km/h abgeregelt. Außer einer anderen Vorderachse mussten die Ingenieure nicht viel ändern am Serienfahrzeug.

Baujahr	2013-2014
Motor-Bauart	vier E-Motoren
Hubraum (cm³)	entfällt
Leistung (PS/U/min)	751
Vmax in (km/h)	250
Bauart	Coupé

Mercedes-Benz CLS 63 AMG (W 218)

Offenbar reichten Mercedes-Benz die Absatzzahlen des Nischenmodells CLS aus, um der ersten Modellgeneration, die im Herbst 2010 auslief, eine zweite folgen zu lassen. Der stark überarbeitete neue CLS, der kurioserweise den Baureihencode W 218 bekam, ist seit Anfang 2011 auf dem Markt. In seiner Formgebung zeigt sich das Modell noch moderner, noch progressiver, behält aber die Grundphilosophie einer coupéhaften viertürigen Sportlimousine bei. In der AMG-Version schlummern unter der Motorhaube 525 und im gesondert lieferbaren Performance Package gar 557 PS – genug um auch den schnellsten Sportwagen das Leben schwer zu machen.

Baujahr	2011-2018
Motor-Bauart	V8-Biturbo
Hubraum (cm³)	5461
Leistung (PS/U/min)	525 bei 5750
Vmax in (km/h)	250
Bauart	Coupé

Baujahr	2013-2019
Motor-Bauart	Vierzylinder-Turbo (Reihe)
Hubraum (cm³)	1991
Leistung (PS/U/min)	360 bei 6000, 381 bei 6000
Vmax in (km/h)	250
Bauart	Limousine, Shooting Break

Mercedes-Benz CLA 45 AMG (C 117)

2013 brachte die Powertochter von Mercedes die C-Klasse als CLA 45 AMG mit 360 PS und 450 Nm als viertüriges Coupé und als Fließheckmodell auf den Markt. Schon 2015 gab es eine Aufwertung: Die technischen Daten verkündeten 381 PS und 475 Nm. Nach guter alter Absprache war das Auto bei 250 km/h abgeregelt, aber wer das Drivers-Package kaufte, durfte noch 20 km/h schneller fahren. Der Sprint des Allradlers gelang zunächst in 4,5 Sekunden, mit dem stärkeren Motor rutschte die Zeit auf 4,2 Sekunden.

Mercedes-AMG CLA 35 4Matic, CLA 45 4Matic+, CLA 45 S 4Matic+ (C 118)

2019 löste die zweite AMG-CLA-Generation den Vorgänger ab, was hauptsächlich in Sachen Optik zu bemerken war. Basis blieb der zwangsbeatmete Zweiliter-Vierzylinder, anfangs als CLA 35 4Matic mit 306 PS. Vier Monate später war das Auto auch als AMG CLA 45 4Matic+ und AMG CLA 45 S 4Matic+ zu haben, was 387 oder 421 PS bedeutete. Damit soll das Top-Modell den stärksten Vierzylinder in einem Serienfahrzeug weltweit besitzen. Alle CLK in AMG-Spezifikation sind mit Allradantrieb ausgerüstet und rennen problemlos 250 km/h, mit AMG-Package 270 km/h (was der kräftigste AMG gleich von Haus aus kann).

Baujahr	seit 2019
Motor-Bauart	Vierzylinder-Turbo (Reihe)
Hubraum (cm³)	1991
Leistung (PS/U/min)	306 bei 6100, 387 bei 6500, 421 bei 6750
Vmax in (km/h)	250, 270
Bauart	Limousine, Shooting Break

Mercedes-AMG GT, GT S (C190)

Der neue Sportwagen von AMG – die zweite vollständige Eigenentwicklung – wurde erstmals im Oktober 2014 auf dem Pariser Salon gezeigt und kam bald darauf in zwei Leistungsstufen auf den Markt: als Mercedes-AMG GT und als GT S. Das dynamische Fahrerlebnis soll resultieren aus dem Konzept von Frontmittelmotor, Transaxle und Alu-Leichtbau. Der V8-Biturbo war der erste Sportwagenmotor mit innen montierten Turboladern und Trockensumpfschmierung. 2016 folgte mit dem Roadster die offene Version. Der Einstiegs-GT kam mit 462 PS, der GT S mit 510 PS. 2017 hatte der Kunde eine noch größere Auswahl: Der GT leistete jetzt 476 PS, die S-Version 522 PS. Seit 2020 kommt der GT mit 530 PS, dafür fehlt nun der GT S im Programm.

Baujahr	seit 2015
Motor-Bauart	V8-Biturbo
Hubraum (cm³)	3982
Leistung (PS/U/min)	462 bei 6000, 530 bei 6750
Vmax in (km/h)	304, 312
Bauart	Coupé, Roadster

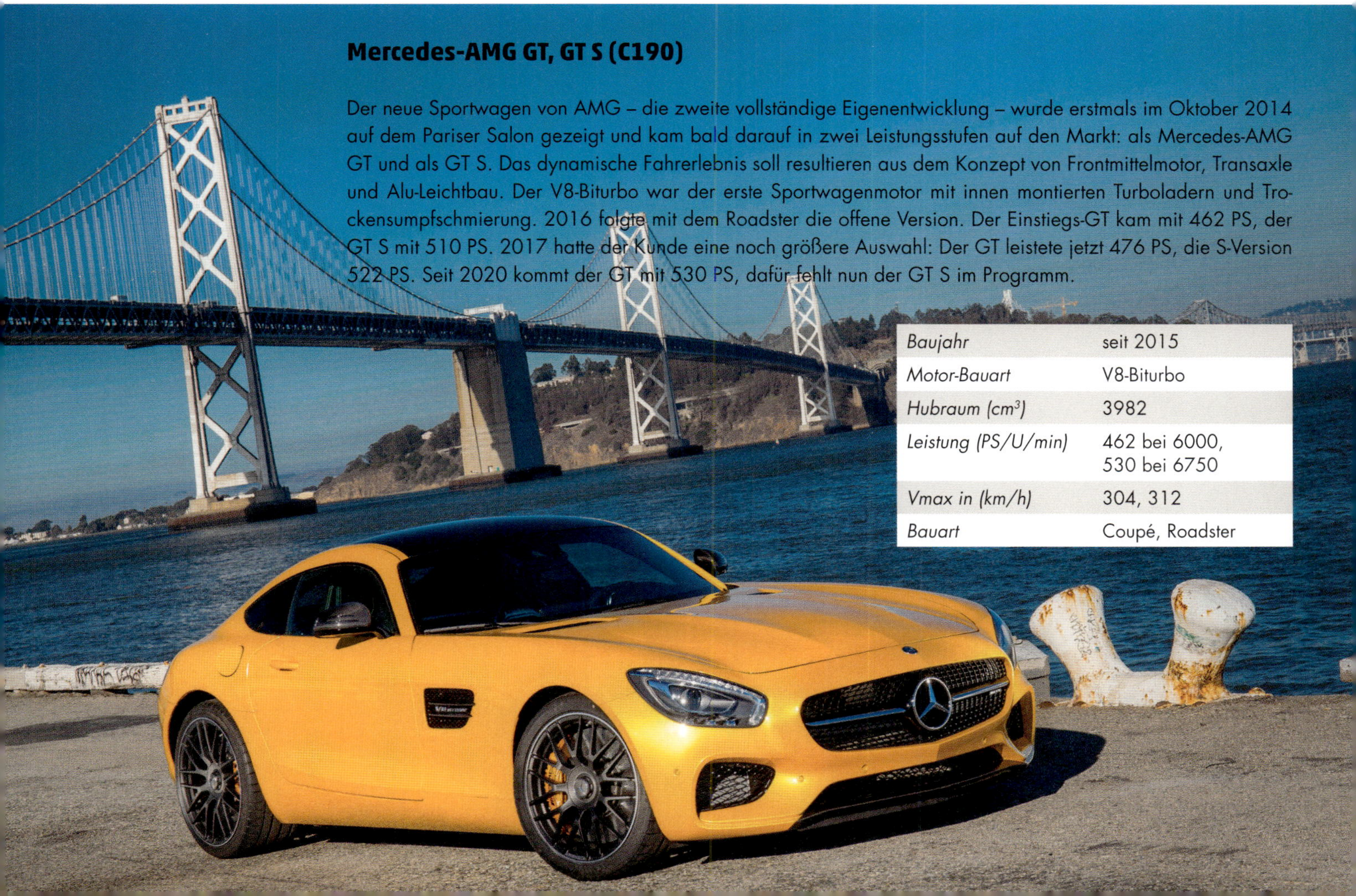

Mercedes-AMG GT C (R 190) & GT R (C 190)

2017 stockte AMG sein GT-Portfolio auf mit den Modellen GT C mit 557 PS und GT R mit 585 PS. Auch diese Versionen sind als Coupé und als Roadster zu haben, wobei der Roadster jeweils um ein km/h in der Spitze langsamer ist. Die geschlossenen Varianten werden auch als Safety-Cars bei der Formel 1 eingesetzt. Das Gewicht beginnt bei 1540 Kilo und als technisches Highlight besitzen die Modelle Allradlenkung. Bald darauf schärft AMG die GT nach mit der integrierten Fahrdynamikregelung „AMG Dynamics", mit einem neuen Lenkrad, einer Mittelkonsole mit innovativen Displaytasten aus dem AMG GT 4-Türer und mit einem volldigitalen Instrumenten-Display.

Baujahr	seit 2017
Motor-Bauart	V8-Biturbo
Hubraum (cm³)	3982
Leistung (PS/U/min)	557 bei 5750-6750, 585 bei 6250
Vmax in (km/h)	317, 318
Bauart	Coupé, Roadster

S GT 585

Mercedes-AMG GT 4-Türer Coupé 43 4Matic+, 53 4Matic+, GT 63 4Matic+, 63 S 4Matic+ (X 290)

Als Top of the Line bei der Baureihe AMG GT4 hat Mercedes zwei Varianten mit Achtzylinder postiert – den GT 63 und GT 63 S, natürlich ebenfalls als Allradler (wobei man alle Kraft auch auf die Hinterachse befehligen kann). Vorne ist ein V8-Biturbo installiert mit wahlweise 585 oder 639 PS. Letzteres kostet dann schon 167.000 Euro. Der Prestige-Sprint gelingt mit dem Boliden in 3,2 Sekunden, und nun denkt keiner mehr an eine Tempoabregelung – 315 km/h kann man zu viert problemlos genießen, wenn man einigermaßen angstlos ist und dem Fahrer vertraut. Im Oktober 2018 knackte übrigens ein GT 63 S 4Matic+ den bisherigen Rekord für den schnellsten Serien-Viersitzer auf der Nordschleife: Das Auto rast mit 7:25:41 Minuten durch die Grüne Hölle.

Baujahr	seit 2018
Motor-Bauart	Sechszylinder-Biturbo (Reihe), V8-Biturbo
Hubraum (cm³)	2999, 3982
Leistung (PS/U/min)	367 bei 6100, 435 bei 6100, 585 bei 6500, 639 bei 6500
Vmax in (km/h)	270 bis 315
Bauart	Limousine

Mercedes-AMG GT Black Series

AMG setzt 2020 der Modellreihe mit dem Black Series die Krone auf – denn das bedeutet eben mal 730 PS und 800 Newtonmeter maximales Drehmoment. Der Wagen sprintet in 3,2 Sekunden von 0 auf 100 km/h und hört mit dem Vortrieb erst bei 325 km/h auf. Eine Siebengang-Doppelkupplung verteilt die Kraft auf die Hinterräder.

Baujahr	seit 2020
Motor-Bauart	V8-Biturbo
Hubraum (cm³)	3982
Leistung (PS/U/min)	730 bei 6900
Vmax in (km/h)	325
Bauart	Coupé

AMG

Mercedes-AMG One

Mercedes-Tochter AMG bringt 2021 mit dem „One", der zunächst „Project One" hieß, mal wieder ein absolutes Traum-Power-Supercar. Für den Vortrieb des Coupès sorgt eine Antriebseinheit, die auch im Formel-1-Wagen F1 W07 Hybrid steckt: Ein 1,6-Liter-V6-Turbo und vier Elektromotoren, die zusammen für mehr als 1000 PS sorgen. Zwei der E-Motoren treiben mit je 163 PS ein vorderes Rad an. Die 1400 Nm werden über ein automatisiertes Achtganggetriebe auf die Achsen geleitet. Der Sprint auf 100 km/h soll in 2,6 Sekunden klappen, von Null auf 300 km/h sollen nur rund elf Sekunden vergehen. Nur 275 Stück werden gebaut, der Baubeginn sollte eigentlich 2019 sein. Bei Redaktionsschluss dieses Buches heißt es, er soll noch 2021 auf die Straße kommen.

Baujahr	seit 2021
Motor-Bauart	V6-Turbo, vier E-Motoren
Hubraum (cm^3)	1600
Leistung (PS/U/min)	1054 bei 11.000
Vmax in (km/h)	350
Bauart	Coupé

M-Racing Fahlke Larea GT1

Es mag ja ganz schön sein, für Auftraggeber Prototypen zu entwickeln – noch schöner aber ist es, selber ein Auto auf die Räder zu stellen. Und zwar ein kaufbares. So dachte sich das 1997 auch Markus Fahlke, Gründer und Chef von „M-Racing Fahlke KFZ-Technik und Prototypenentwicklung" mit Sitz in Buchholz, Nordheide. Dahinter steckte und steckt noch immer „Fahlke Control Systems", nach eigenen Angaben Marktführer für Automatisierungssysteme für Gas- und Ölpipelines weltweit. In nur zweieinhalb Jahren entwickelte und designte der Maschinenbauingenieur Markus Fahlke seinen Larea GT1. Der straßenzugelassene Larea GT1 wird per Hand in vier Versionen gebaut: Als S7 mit 550 PS, als S9 mit 720 PS, als S10 mit 1004 PS und sogar als S12 Limited Edition mit 1260 PS. Das Auto besteht aus hochfesten Stählen und Carbon und wiegt 980 Kilo. Als Top-Modell sprintet er in zwei Sekunden auf 100 km/h und rennt 430 km/h. Fahlke baut entweder einen 7,2-Liter-V8-Sauger ein oder einen V8 mit Kompressor. Letztlich ist das nichts anderes als pure Renntechnik auf 4,49 Metern Länge und einer Höhe von nur 1,08 Metern, mit großem Frontflügel, voll verkleidetem Unterboden, Diffusor und einstellbarem Heck-Flügel. Alle aerodynamischen Features bestehen aus Carbon.

Baujahr	seit 2014
Motor-Bauart	V8, V8-Kompressor
Hubraum (cm^3)	7200
Leistung (PS/U/min)	550-1260 bei k.A.
Vmax in (km/h)	bis 430
Bauart	Coupé

NSU Sport-Prinz

Baujahr	1964-1967
Motor-Bauart	1-Scheiben/Wankel
Hubraum (cm³)	500
Leistung (PS/U/min)	50 bei 6000
Vmax in (km/h)	125
Bauart	Coupé

Da es Ende der 50er Jahre wieder einen Markt für kleine Sportcoupés gab, entschlossen sich die Neckarsulmer, auch hier keine halben Sachen anzubieten. Sie beauftragten Bertone mit einem Karosserieentwurf auf Basis des Prinz. Er zeichnete eine bestechend schöne Coupé-Blechhülle, die den Prinz zu einem echten Juwel machte. Selbst die Fahrleistungen profitierten: Dank der leichten, windschlüpfigen Karosserie wurden nun nahezu 125 km/h Spitze erreicht – zur damaligen Zeit ein respektabler Wert.

NSU Wankel Spider

Baujahr	1964-1967
Motor-Bauart	Einscheiben-Wankelmotor
Hubraum (cm³)	497,5
Leistung (PS/U/min)	50 bei k.A.
Vmax in (km/h)	155
Bauart	Cabriolet

Im Jahr 1964 reichten noch 50 PS, um als sportlich zu gelten. Aber besonders die Art, wie diese 50 PS im offenen NSU entstanden, waren der Knaller: durch einen Wankelmotor. Damit war der NSU Wankel Spider weltweit das erste Serienfahrzeug mit einem von Felix Wankel erfundenen Kreiskolbenmotor. Der Motor saß im Heck und wog inklusive der nötigen Nebenaggregate nur 125 Kilo. Damit „raste" der nur 900 Kilo leichte Wagen in 14,5 Sekunden von 0 auf 100 km/h, bei 155 km/h war allerdings Schluss mit Vortrieb. Zunächst war das gute Stück für 8500 Mark zu haben, 1966 wurde der Preis auf 7000 Mark gesenkt. Trotzdem entwickelte sich der Absatz des Autos nicht so gut wie erhofft – letztlich wurden nur knapp 2400 Stück gebaut und verkauft.

Baujahr	1972-1977
Motor-Bauart	Sechszylinder (Reihe)
Hubraum (cm³)	2490, 2784
Leistung (PS/U/min)	130 bei 5000 bis 160 bei 5400
Vmax in (km/h)	175 bis 200
Bauart	Limousine, Coupé

Opel Commodore GS/E (Serie B)

Die Neuauflage eines alten Themas wirkte – zumindest auf eingefleischte Opel-Fans – etwas ernüchternd. Mit auf 2,8 Liter vergrößertem Hubraum und einer zahmeren Motorauslegung waren dem GS/E sämtliche Zähne gezogen worden – so die Meinung eingefleischter Alt-GS/E-Liebhaber. Trotz 160 PS fehlte es dem neuen Sport-Commodore an Biss und Ausstrahlung, über die sein Vorgänger noch so reichlich verfügt hatte.

Opel Kadett Rallye (Serie B)

Baujahr	1967-1973
Motor-Bauart	Vierzylinder (Reihe)
Hubraum (cm³)	1078, 1196, 1879
Leistung (PS/U/min)	60 bei 5200 bis 90 bei 5100
Vmax in (km/h)	190
Bauart	Coupé

Ganz schön keck präsentierte sich ab 1967 der Rallye Kadett von Opel. Schwarze Motorhaube, Rallyestreifen, Sportfelgen, Zusatzscheinwerfer und ein auf sportlich getrimmtes Interieur samt Armaturenbrett brachten jugendliches Ungestüm in die Kadett B-Serie. Der brustschwache 1,1-Liter-Vierzylinder mit 60 PS bildete die Basismotorisierung, für sportliche Fahrleistungen sorgte nur der ebenfalls lieferbare 1,9-Liter-Motor aus dem Rekord, dessen 90 PS im leichten und kompakten Kadett für einigen Wirbel sorgten. Opel machte mit dieser Version ersten Eindruck in der prestigeträchtigen Welt des Motorsports und begann allmählich, sein etwas behäbiges Image als Hersteller braver Alltagsautos zu korrigieren.

Opel Kadett GT/E (Serie C)

Bereits ein Jahr vor dem Golf GTI prägte Opel die Marktnische sportlich aufgemachter, gut motorisierter Kompaktwagen mit dem Kadett GT/E. Er war mit dem 1,9-Liter-Vierzylinder-Einspritzmotor mit 105 PS ausgerüstet und brauchte damit keine Gegner zu fürchten. Die Motorsporterfolge Walter Röhrls taten ein Übriges um Opel die Vermarktung solcher Sportversionen zu erleichtern. Das traditionelle technische Konzept des C-Kadett mit Heckantrieb und vergleichsweise simplem Fahrwerk konnte jedoch gegen den Maßstäbe setzenden Golf GTI, der 1976 die Bühne betrat, nicht mehr mithalten.

Baujahr	1974-1979
Motor-Bauart	Vierzylinder (Reihe)
Hubraum (cm³)	1897, 1979
Leistung (PS/U/min)	105 bei 5600 bis 115 bei 5600
Vmax in (km/h)	180 bis 190
Bauart	Coupé

Baujahr	1983-1984
Motor-Bauart	Vierzylinder (Reihe)
Hubraum (cm³)	1796
Leistung (PS/U/min)	115 bei 5800
Vmax in (km/h)	185
Bauart	Limousine

Opel Kadett GTE (Serie D)

Mit erheblicher Verspätung, erst 1983, brachte Opel mit dem GTE eine Sportversion der ersten Frontantriebsgeneration des Kadett in das Marktsegment, das sich der Golf GTI seit 1976 quasi ohne ernsthafte Konkurrenz hatte sichern können. Mit seinem modernen 1,8 Liter großen Vierzylinder und 115 PS war er ein echter Herausforderer des Wolfsburger Kultautos, doch wurde er kaum mehr als ein Jahr produziert, bis der nächste Generationswechsel der Kadett-Baureihe vor der Tür stand. Attraktive sportliche Aufmachung außen und innen sowie überzeugende Fahrleistungen und -eigenschaften reichten jedoch nicht aus, um den GTI seinerzeit und für alle Zukunft vom Thron zu stoßen.

Baujahr	1988-1991
Motor-Bauart	Vierzylinder (Reihe)
Hubraum (cm³)	1998
Leistung (PS/U/min)	150 bei k.A.
Vmax in (km/h)	200
Bauart	Limousine

Opel Kadett GSi (Serie E)

Die Rüsselsheimer führten auch bei der 1984 präsentierten E-Serie ihres Bestsellers Kadett die lieb gewordene Tradition fort, früher oder später ein sportliches Spitzenmodell in die Modellreihe aufzunehmen. 1988, nach vier Jahren, wurde schließlich der GSi eingeführt, der dem Kadett die sprichwörtliche Biederkeit gründlich austrieb. Mit einem hoch effektiven, 150 PS starken Zweiliter-Vierzylinder samt brandneuem 16-Ventil-Zylinderkopf ausgerüstet, rückte der GSi ab 1988 in die vorderste Front der schnellen Kompakten – auch GTI-Klasse genannt – vor. Mit umfangreicher Ausstattung und optisch dezent vorgetragener Sportlichkeit schuf er sich während seiner bis 1991 währenden Produktionszeit zahlreiche Freunde.

Baujahr	1968-1973
Motor-Bauart	Vierzylinder (Reihe)
Hubraum (cm³)	1078, 1897
Leistung (PS/U/min)	60 bei 5200 bis 90 bei 5100
Vmax in (km/h)	155 bis 190
Bauart	Coupé

Opel GT, GT/J

„Nur Fliegen ist schöner" – dieser klassische Werbeslogan für den Opel GT war vielleicht etwas vollmundig, doch machte das kompromisslose Konzept Eindruck. Ohne echten Kofferraum und mit hinter die Vorderachse gerücktem Vierzylinder zeigte Rüsselsheim, was Ende der 60er, Anfang der 70er Jahre bei Großserienherstellern noch möglich war: nämlich ein preiswertes Minderheitenauto anzubieten, das wertvolle Dienste zur Imagebildung leistete. Der abgemagerte GT/J beschloss die Serie nach fast 100.000 gefertigten Exemplaren.

Opel Manta (Serie A)

Der Rüsselsheimer Anti-Capri hieß „Manta" und wurde 1970 lanciert. Auch hier landete Opel einen vollen Erfolg, weil man sportlich orientierten Familienvätern die Chance bot, vom bürgerlichen Rekord Abstand zu nehmen und stattdessen zur jugendlichen Alternative zu greifen. Eine große Ausstattungs- und Motorisierungsvielfalt bot dabei allen Geschmäckern etwas. Am Ende der Manta-A-Baureihe sorgte die GT/E-Version mit dem 105 PS starken Einspritzmotor für besonders rasante Fahrleistungen.

Baujahr	1970-1975
Motor-Bauart	Vierzylinder (Reihe)
Hubraum (cm³)	1196, 1584, 1897
Leistung (PS/U/min)	60 bei 5200 bis 105 bei 5400
Vmax in (km/h)	145 bis 185
Bauart	Coupé

Baujahr	1981-1984
Motor-Bauart	Vierzylinder (Reihe)
Hubraum (cm³)	2410
Leistung (PS/U/min)	144 bei 5200
Vmax in (km/h)	210
Bauart	Coupé

Opel Manta 400

In nur 245 Exemplaren wurde der Nachfolger des erfolgreichen Rallyeautos Ascona 400 gebaut. 1981 wurde er vorgestellt und verfügte über die gleiche technische Basis wie sein Vorgänger. Kernstück des Manta 400 ist wieder der robuste 2,4 Liter großer Sechzehnventil-Vierzylinder, der in Serienausführung 144 PS leistete, was für den Rallyeeinsatz bis auf knapp 280 zuverlässige PS gesteigert werden konnte. Die Serienversion war mit breiteren Felgen, Front- und Heckspoiler sowie einer in Opel-Motorsportfarben gehaltenen Lackierung ausgestattet. Heute zählt der Manta 400 wie auch sein Bruder Ascona 400 zu den hoch gehandelten Sammlerautos.

Baujahr	1978-1986
Motor-Bauart	Vierzylinder (Reihe), Sechszylinder (Reihe)
Hubraum (cm³)	1979, 2197, 2490, 2968
Leistung (PS/U/min)	115 bei 5400 bis 180 bei 5800
Vmax in (km/h)	180 bis 220
Bauart	Coupé

Opel Monza

Der Monza sollte die Rolle als sportliches Schwestermodell des Senator spielen. Von seinem äußeren Erscheinungsbild her gelang ihm das glänzend. Die Fließheck-Karosserie war zeitlos elegant, die Heckklappe bot dazu noch praktischen Nutzwert. Technisch waren Monza und Senator im Wesentlichen identisch. Absolutes Spitzenmodell war der Ende 1982 mit einem tiefgreifenden Facelift eingeführte GSE, der mit seinem Dreiliter-Einspritzmotor und geschmackvoll sportlicher Aufmachung beeindruckte. Auch die Monza-Modelle fanden nur vergleichsweise wenige Käufer. Schon nach knapp 44.000 gebauten Exemplaren kam das unverdient frühe Ende.

Baujahr	1979-1981
Motor-Bauart	Vierzylinder (Reihe)
Hubraum (cm³)	2410
Leistung (PS/U/min)	144 bei 5200
Vmax in (km/h)	200
Bauart	Limousine

Opel Ascona 400

Für den Einsatz in der der Rallye-Weltmeisterschaft baute Opel eine sehr spezielle Version seiner bürgerlichen Ascona-Limousine. Nachdem reglementbedingt 400 Serienexemplare des Wagens hergestellt werden mussten, nannte Opel ihn schlicht Ascona 400. Als Motorisierung diente ein in weiten Teilen neu entwickelter Vierzylindermotor mit 2,4 Litern Hubraum und leistungsförderndem 16-Ventil-Zylinderkopf. Getriebe- und Fahrwerksseitig wurden entsprechend dem Verwendungszweck robustere Komponenten eingebaut. Mit 144 PS und deutlich reduziertem Gewicht gab es sehr lebhafte Fahrleistungen. Die Rallyeversion des Ascona 400 erwies sich als so konkurrenzfähig, dass Walter Röhrl auf ihr 1982 Rallyeweltmeister wurde.

Baujahr	1988-1993
Motor-Bauart	Vierzylinder (Reihe)
Hubraum (cm³)	1598
Leistung (PS/U/min)	98 bei k.A. bis 101 bei 6000
Vmax in (km/h)	195
Bauart	Limousine

Opel Corsa GSi

Auch die kleinste Opel-Baureihe, der kompakte Corsa, bekam 1988 eine sportliche Speerspitze, den GSi mit 1,6-Liter-Motor und 101 PS. Mit den üblichen Attributen wie größerem Frontspoiler, besonders gestalteten breiteren Leichtmetallfelgen, einer speziellen Farbgebung sowie Sportsitzen, Lederlenkrad und umfangreicherer Instrumentierung versehen, machte der gut liegende kleine Flitzer aus Rüsselsheim viele Punkte in einer gleichwohl sehr engen Marktnische. Ab 1990 bekam der Corsa GSi einen Dreiwegekatalysator verpasst, was eine Leistungsreduzierung auf 98 PS nach sich zog.

Baujahr	2007-2014
Motor-Bauart	Vierzylinder-Turbo (Reihe)
Hubraum (cm³)	1598
Leistung (PS/U/min)	192 bei 5850
Vmax in (km/h)	225
Bauart	Limousine

Opel Corsa OPC (Serie D)

Nicht nur in der Mittel- und Oberklasse explodierten seit der Jahrtausendwende geradezu die PS-Leistungen, auch die kleine Klasse zeigt allseits elektronisch abgepufferte Hochleistungsmodelle. Zum Beispiel die OPC-Version der vierten Corsa-Generation, die 2007 vorgestellt wurde: Über die 98 PS eines Corsa A GSI von vor 20 Jahren kann man angesichts von 192 Turbo-PS im D-Modell nur milde lächeln. Mit einer Spitze von 225 km/h gehört der Kleinwagen zu den ganz Schnellen im Land und auch der Durchschnittsautofahrer ist mit ihnen nicht überfordert.

Baujahr	1986-1992
Motor-Bauart	Sechszylinder (Reihe)
Hubraum (cm³)	2969
Leistung (PS/U/min)	156 bei 5600 bis 204 bei 6000
Vmax in (km/h)	210-240
Bauart	Limousine

Opel Omega 3000/3000 24V

Der Omega besetzte als Nachfolger des klassischen Rekord exakt die gleiche Marktposition wie dieser. Als konservativ gehaltenes viertüriges Mittelklasse-Familienmobil mit traditioneller Heckantriebsauslegung verkörperte er typische Opel-Tugenden. Ab Herbst 1986 konnte er jedoch auch anders: Mit einem Dreiliter-Reihensechszylinder und zunächst 156 bzw. 177 PS sowie auffälligem Spoilerbesatz mutierte er zum BMW-Jäger. Ganz besonders geschah das ab der Modellpflege 1990, als eine 24-Ventil-Version dieses Motors mit 204 PS unter die Haube des „3000" kam.

Baujahr	1989-1992
Motor-Bauart	V6-Biturbo
Hubraum (cm³)	3615
Leistung (PS/U/min)	377 bei 5200
Vmax in (km/h)	283
Bauart	Limousine

Opel Lotus Omega

Zugegeben – einer der wildesten Werks-Opel aller Zeiten ist kein rein deutsches Gewächs, aber deutsch genug, um genannt zu werden: Im Opel Lotus Omega schlug ein Herz aus Hethel, England. Das ist noch immer der Hauptsitz von Lotus, und wenn sich jemand mit Speed auskennt, sind es die Ingenieure der kleinen britischen Schmiede mit dem klangvollen Namen. Die bauten den 3,6-Liter-Biturbo-Vierventil-Sechszlinder auf und pflanzten ihn in die biedere deutsche Limousine. Das Ergebnis: der schnellste Serien-Opel aller Zeiten mit sagenhaften 283 km/h Spitze. Nur gut 900 Stück wurden gebaut.

Baujahr	1990-1997
Motor-Bauart	Vierzylinder (Reihe), V6
Hubraum (cm³)	1998, 2498
Leistung (PS/U/min)	115 bei k.A. bis 204 bei k.A.
Vmax in (km/h)	190 bis 230
Bauart	Coupé

Opel Calibra

Der Nachfolger des legendären Manta und bisher letzte komplett eigenständige Familiensportwagen von Opel war der Calibra, von dem im Lauf seiner Karriere einige interessante Versionen gebaut wurden. Neben der Normalmotorisierung mit 115 bzw. 150 PS staken Vierzylindern, die schon für sehr ordentliche Fahrleistungen sorgten, gab es ab 1992 mit dem allradgetriebenen Calibra Turbo 4 x 4, der 204 PS leistete, ein absolut sportliches Topmodell, dem ein Jahr später eine eher komfortabel ausgelegte Version mit 2,5-Liter-V6 und 170 PS folgte.

Opel Astra GSi (Serie F)

1991 wurde mit dem Übergang zur nächsten Modellgeneration aus dem Kadett der etwas schicker klingende Astra und die Tradition der sportlichen Spitzenmodelle wurde mit dem GSi fortgesetzt. Unter der Haube kamen alternativ zwei Vierzylinder-Triebwerke zum Einsatz: Zum einen ein Zweiliter mit Zweiventilkopf und 115 PS und zum zweiten, ab 1993, ein moderner Vierventil-1,8-Liter mit 125 PS. Nach dem Facelift von 1994 gab es hier deutlichen Leistungszuwachs in Form eines Zweiliter-Vierventilers mit 150 PS, der ab 1995 durch eine emissionsoptimierte Version mit 136 PS zunächst ergänzt und später abgelöst wurde.

Baujahr	1991-1998
Motor-Bauart	Vierzylinder (Reihe)
Hubraum (cm³)	1799, 1998
Leistung (PS/U/min)	115 bei 5400 bis 150 bei 6000
Vmax in (km/h)	185-200
Bauart	Limousine

Opel Astra Coupé Turbo (Serie G)

Als sportlich-eleganter 2+2-Sitzer der Astra-Baureihe positionierte Opel im Jahr 2000 sein neues Coupé. Top-Motorisierung war der Zweiliter-Vierzylinder-Turbomotor, der 200 PS leistete und das Coupé zu einem echten Sportwagen machte. In der eigentlich für diese Rolle vorgesehenen OPC-Modellpalette, die den GSi-Versionen nachfolgte, war das Coupé dagegen nicht vorgesehen. Das nur rund fünf Jahre lang – übrigens bei Bertone in Italien – gebaute Modell gab es in zahlreichen limitierten Sondereditionen, die aber auch nicht zu einem wirklich nachhaltigen Verkaufserfolg führten.

Baujahr	2000-2004
Motor-Bauart	Vierzylinder-Turbo (Reihe)
Hubraum (cm³)	1998
Leistung (PS/U/min)	190 bei 5400 bis 200 bei 5600
Vmax in (km/h)	230 bis 240
Bauart	Coupé

Baujahr	2005-2010
Motor-Bauart	Vierzylinder-Turbo (Reihe)
Hubraum (cm³)	1998
Leistung (PS/U/min)	240 bei k.A.
Vmax in (km/h)	240
Bauart	Coupé

Opel Astra OPC (Serie H)

Ein großer Markterfolg war die 2004 präsentierte H-Serie des Astra, die sich rundum tiefgreifend modernisiert und qualitativ verbessert zeigte. Einen besonderen Akzent setzte die betont sportlich gehaltene dreitürige GTC-Version, die es seit 2005 auch in der OPC-Ausstattung gab. OPC nannte Opel seit 1999 seine ausgeprägt sportlichen Modelle für einen bewusst kleinen Käuferkreis, dem Leistung und echte Sportlichkeit oberhalb der bisherigen GSi-Modelle über alles ging. So bot der Astra OPC der H-Serie satte 240 PS aus einem Zweiliter-Vierzylinder-Turbomotor und erreichte damit eine Spitze von fast 250 km/h – kaum glaubliche Werte für einen Kompaktwagen bürgerlichen Zuschnitts.

Baujahr	2012-2018
Motor-Bauart	Vierzylinder-Turbo (Reihe)
Hubraum (cm³)	1998
Leistung (PS/U/min)	280 bei 5500
Vmax in (km/h)	250
Bauart	Limousine

Opel Astra OPC (Serie J)

Auch die J-Serie des Opel Astra bekam einen OPC-Ableger: Wieder basierte die sportlichste Astra-Version auf dem Astra GTC. Opel spendierte dem Familiensportler einen Zweiliter-Benzindirekteinspritzer, der für 280 PS sorgte. Auch das Drehmoment machte Freude: 400 Nm. Der Wagen besaß ein mechanisches Lamellen-Sperrdifferenzial, kraftvolle Verzögerungseinheiten aus dem Hause Brembo vorne und ein knackiges Sportfahrwerk. Die Insassen hockten geborgen in Schalensitzen, die Kraft wurde über ein Sechsgang-Schaltgetriebe an die Vorderräder gegeben. Natürlich wurde auch die Optik an den sportlichen Anspruch angepasst.

Baujahr	2000-2005
Motor-Bauart	Vierzylinder (Reihe), Vierzylinder-Turbo (Reihe)
Hubraum (cm³)	1998 bis 2198
Leistung (PS/U/min)	147 bei 5800 bis 200 bei 6000
Vmax in (km/h)	215 bis 240
Bauart	Roadster

Opel Speedster

Ein noch konsequenteres Sportwagenkonzept als das des GT Roadster präsentierte Opel im Jahr 2000. Der Speedster basierte auf dem faszinierenden Lotus Elise, der die Leichtbau-Philosophie des britischen Sport- und Rennwagenbauers eindrucksvoll demonstrierte. Mit Opel-eigener Kunststoffkarosserie und dem 147 PS leistenden 2,2-Liter-Opel-Vierzylinder (später auch mit dem Zweiliter-Turbotriebwerk mit 200 PS) in Mittelmotoranordnung vermittelte der unter 1000 Kilo wiegende Speedster echtes Rennwagenfeeling. Opel betrachtete den Speedster primär als Imageträger für die Marke. Aufgrund seiner sehr begrenzten Alltagstauglichkeit gestaltete sich der Abverkauf allerdings eher zäh und 2005 endete die Produktion. Mittlerweile jedoch werden vor allem die Turbo-Modelle als echte Liebhaberautos gehandelt.

Opel Vectra OPC (Serie C)

Baujahr	2005-2008
Motor-Bauart	V6
Hubraum (cm³)	2792
Leistung (PS/U/min)	255 bei 5500 bis 280 bei 5500
Vmax in (km/h)	250
Bauart	Limousine

Mit der 2002 auf den Markt gebrachten, neuen Vectra-Generation (C-Serie) versuchte sich Opel besser gegen die Konkurrenz von Volkswagen zu behaupten. Die 2005 präsentierte OPC-Version sollte mit ihren zunächst 255 und später sogar 280 PS hier ein besonders sportliches Zeichen setzen. Erhältlich war der Vectra OPC nur mit der Fließheckkarosserie, weitere äußere Merkmale waren veränderte Bug- und Heckschürzen, spezielle Leichtmetallfelgen und eine besonders sportlich gehaltene Innenausstattung. Die Absatzzahlen dieses Hochleistungsmodells blieben naturgemäß in engem Rahmen wie auch die gesamte Baureihe gegen die Produkte aus Wolfsburg ohne Chance war.

Baujahr	2009-2017
Motor-Bauart	V6-Turbo
Hubraum (cm³)	2792
Leistung (PS/U/min)	325 bei 5250
Vmax in (km/h)	250 bis 270
Bauart	Limousine

Opel Insignia OPC (Serie A)

Der Ende 2008 auf den Markt gekommene Hoffnungsträger der Rüsselsheimer, der Insignia, bekam bereits ein Jahr später eine OPC-Hochleistungsversion spendiert. Der mit einem 2,8-Liter-Turbo-V6 und kaum glaublichen 325 PS versehene OPC ist als Vier- und Fünftürer sowie als Sportstourer, einer sportlich gezeichneten Kombivariante lieferbar. Um diese enorme Kraft sicher auf den Boden zu bringen, verfügt der Insignia OPC serienmäßig über Allradantrieb. Der Turbomotor katapultiert den äußerlich vergleichsweise dezent gehaltenen Wagen – in seiner seit 2011 lieferbaren „entriegelten" Version – auf bis zu 270 km/h Spitze.

Porsche 356, 356 Super, Speedster

Mit der Vorstellung des 356 auf der Automobilmesse in Genf im März 1949 legte Ferdinand Porsche den Grundstein für die Serienfertigung seiner Sportwagen. Auch wenn genaugenommen bereits im Jahr zuvor im österreichischen Gmünd 356-Exemplare entstanden waren. Der als Coupé und Cabrio lieferbare neue Porsche, der sich technisch an den VW Käfer anlehnte, kostete damals rund 10.000 bzw 12.000 DM und zählte somit zu den Traumwagen im Nachkriegsdeutschland. Ab 1955 lieferbar war der Porsche Speedster, eine in der Ausstattung abgemagerte, betont sportlich aufgemachte und preiswerter angebotene Version des 356. Besonders in den USA fand der Speedster bald eine begeisterte Anhängerschaft. In der 110 PS starken Carrera-Version war er ein ernst zu nehmender Sportwagen, der bei zahllosen Rennen Lorbeer für die noch junge Stuttgarter Firma erntete. Für ein solches Modell waren aber fast 18.000 DM auf den Tisch des Händlers zu blättern – seinerzeit eine ungeheure Summe.

Baujahr	1949-1958
Motor-Bauart	Vierzylinder (Boxer)
Hubraum (cm³)	1086, 1286, 1290, 1488, 1498, 1582
Leistung (PS/U/min)	40 bei 4000 bis 110 bei 6400
Vmax in (km/h)	140 bis 200
Bauart	Coupé, Cabriolet, Speedster

Porsche 356 A

Baujahr	1955-1959
Motor-Bauart	Vierzylinder (Boxer)
Hubraum (cm³)	1582
Leistung (PS/U/min)	60 bei 4500 bis 75 bei 5000
Vmax in (km/h)	160 bis 175
Bauart	Coupé, Cabriolet

Der Start einer Legende: 1950 begann in Stuttgart-Zuffenhausen die Serienproduktion des rundlichen Sportwagens mit starken VW-Anklängen. Die Karosserien entstanden bei der Firma Reutter, der Zusammenbau der 356er fand in den Porsche-Hallen statt. Verkaufs- und vor allem Sporterfolge ließen nicht lange auf sich warten. Die A-Serie startete mit zahlreichen Verbesserungen im Jahr 1955. Natürlich wurde auch die Motorisierung immer muskulöser: 75 PS aus 1,6 Litern Hubraum waren vorläufiger Höhepunkt.

Porsche 356 B

Ein sichtbares Facelifting an der Fahrzeugfront, Modifikationen im Innenraum, eine neue Top-Motorisierung und eine weitere Karosserievariante markierten den Schritt vom 356 A zum B. Der pummelige Heckmotor-Sportwagen wirkte formal nun etwas frischer, während die 90-PS-Maschine in der Version „Super 90" für strammen Vortrieb sorgte. Selten blieb das bei Karmann in Osnabrück gefertigte Hardtop-Modell, quasi ein 356 B Cabriolet mit fest montiertem Blechdach statt des Faltverdecks.

Baujahr	1959-1963
Motor-Bauart	Vierzylinder (Boxer)
Hubraum (cm³)	1582
Leistung (PS/U/min)	60 bei 4500 bis 90 bei 5500
Vmax in (km/h)	160 bis 185
Bauart	Coupé, Cabriolet, Roadster, Hardtop

Porsche 356 B und C 2000 GS Carrera 2

Mit vollen zwei Litern Hubraum und stattlichen 130 PS Leistung war die zweite „Carrera"-Serie zwar nicht weniger sportlich als die erste ausgefallen, aber weniger kapriziös. Als leistungsfähiger Langstrecken-Sportwagen machte er nun eine bessere Figur als sein Vorgängermodell. Erhältlich war der Carrera 2 als Coupé, Cabriolet und Hardtop/Cabriolet. Die Produktionsstückzahlen des ebenso exklusiven wie technisch aufwendigen Carrera blieben bei Einstandspreisen zwischen 23.700 und 25.750 D-Mark – je nach Karosserievariante – erwartungsgemäß auch bei der zweiten Serie gering.

Baujahr	1955-1959
Motor-Bauart	Vierzylinder (Boxer)
Hubraum (cm³)	1966
Leistung (PS/U/min)	130 bei 6200
Vmax in (km/h)	200
Bauart	Coupé, Cabriolet

Porsche 356 C

Höchst ausgereift präsentierte sich die C-Baureihe des 356er Porsche. Mit gestrafftem Modellangebot, bestehend nur aus dem Coupé und dem Cabriolet, und lediglich zwei lieferbaren Motoren mit 75 bzw. 95 PS, warf der 911 bereits lange Schatten auf das Ur-Modell. Technisch hatte es noch einmal einen Innovationsschub gegeben: Die Bremsanlage verfügte nunmehr über Scheiben rundum. Trotz des zum Teil parallel gebauten 911er-Modells fanden von 1963 bis 1965 noch gut 16.500 356 C einen Käufer.

Baujahr	1963-1965
Motor-Bauart	Vierzylinder (Boxer)
Hubraum (cm³)	1582
Leistung (PS/U/min)	75 bei 5200 bis 95 bei 5800
Vmax in (km/h)	175 bis 185
Bauart	Coupé, Cabriolet

Baujahr	1955-1957
Motor-Bauart	Vierzylinder (Boxer)
Hubraum (cm³)	1498
Leistung (PS/U/min)	110 bei 6200 bis 135 bei 7200
Vmax in (km/h)	220 bis 240
Bauart	Speedster

Porsche Spyder 550, Spyder 550 A

Begründete er den wahren Mythos Porsche? Federleicht und leistungsstark – das war das Credo des 550, als er 1955 auf der Bühne erschien. Mit seinem 1,5 Liter großen, luftgekühlten Boxermotor vor der Hinterachse verkörperte er modernste Renntechnik. Auch das Vierzylinder-Triebwerk selbst hatte sich deutlich von dem eines normalen 356 entfernt. Mit seinen obenliegenden Nockenwellen stellte es mindestens 110 PS zur Verfügung, die den winzigen Spyder mit seiner Aluminiumkarosserie rund 220 km/h schnell machten. Das alles waren ideale Voraussetzungen für eine grandiose Rennsportkarriere, mit der er die Zuffenhausener in der Folge auch beglückte.

Baujahr	1955-1959
Motor-Bauart	Vierzylinder (Boxer)
Hubraum (cm³)	1498, 1588
Leistung (PS/U/min)	100 bei 6200 bis 115 bei 6500
Vmax in (km/h)	200
Bauart	Coupé, Cabriolet, Speedster

Porsche 1500/1600 GS Carrera

Die „Carrera" genannten Sport-Versionen verfügten über den für den Alltagseinsatz mühsam gezähmten Rennmotor, mit dem man Hunderte von Siegen auf allen Rennstrecken der Welt eingefahren hatte. Die delikate Technik kostete ihren Preis, in der Anschaffung wie im Unterhalt. Dafür bekam man, gemessen an der Hubraumgröße, exzellente PS-Leistungen und eine Menge Überholprestige. Der Mythos Porsche begann sich damit wirklich zu entwickeln.

Porsche 904 Carrera GTS

Baujahr	1963-1965
Motor-Bauart	Vierzylinder (Boxer), Sechszylinder (Boxer), Achtzylinder (Boxer)
Hubraum (cm³)	1966, 1991, 1982, 2195
Leistung (PS/U/min)	155 bei 6900 bis 270 bei 8600
Vmax in (km/h)	über 250
Bauart	Coupé

Einer der schönsten deutschen Sportwagen überhaupt war zweifellos der 904, der 1963 erschien. Das in nur rund 120 Exemplaren gefertigte Mittelmotor-Coupé war zudem der erste Porsche, der mit einer leichten Kunststoffkarosserie aufwartete. Das Material war vom Chemiekonzern BASF entwickelt worden. Dank seiner aerodynamisch ausgefeilten Karosserie, einem Gewicht von nur 650 Kilogramm und seinen 180 PS ergab sich ein atemberaubendes Fahrleistungspotenzial. Nur ganz wenige 904 wurden im Straßenverkehr eingesetzt, fast alle mehrten den Ruhm der Marke bei weltweiten Einsätzen im Motorsport.

Baujahr	1964-1969
Motor-Bauart	Sechszylinder (Boxer)
Hubraum (cm³)	1991
Leistung (PS/U/min)	110 bei 5800 bis 160 bei 6600
Vmax in (km/h)	195 bis 220
Bauart	Coupé, Targa

Porsche 911, 911 L, 911 T, 911 S (ab 1967: A-Serie)

Der Schritt vom 356 zum 911 war riesengroß. Zwei Liter Hubraum und 130 PS aus einem luftgekühlten Sechszylinder-Boxermotor bedeuteten einen echten Leistungssprung. Anfangs nur als Coupé lieferbar, schuf sich der 911 binnen kürzester Zeit eine ausgezeichnete Reputation wegen seiner sportlichen Auslegung und Erscheinung, die sich deutlich von der 356er-Linie abhob. Für die echten Elfer-Fans ist die alte, kreischende Zweiliter-Maschine übrigens immer noch das Nonplusultra, wenn es um spezifische Porsche-Faszination geht.

Baujahr	1968-1971
Motor-Bauart	Sechszylinder (Boxer)
Hubraum (cm³)	1991, 2195
Leistung (PS/U/min)	110 bei 5800 bis 180 bei 6500
Vmax in (km/h)	195 bis 225
Bauart	Coupé, Targa

Porsche 911 E, 911 T, 911 S (B-Serie)

Ab 1968 bot Porsche den 911 in Form der Modelle T, E und S in drei verschiedenen Motorisierungen an. Die Rolle als Basisversion und Einsteigermodell sollte dabei der 911 T übernehmen, mit zuletzt 180 PS stellte der 911 S das Topmodell dar. Das Zwischenmodell für eher komfortorientierte Kunden taufte Porsche auf den Namen 911 E, wobei der Zusatz auf die mechanische Benzineinspritzung hinwies. In seinem Charakter gemahnte der „E" jedoch eher an den gemütlicheren 911 T.

Baujahr	1971-1973
Motor-Bauart	Sechszylinder (Boxer)
Hubraum (cm³)	2341
Leistung (PS/U/min)	130 bei 5600 bis 190 bei 6500
Vmax in (km/h)	200 bis 230
Bauart	Coupé, Targa

Porsche 911 T, 911 E, 911 S (E- und F-Serie)

Nach gleicher Nomenklatur verfuhren die Stuttgarter mit der nächsten 911-Generation, die zwischen 1971 und 1973 bei den Händlern bestellt werden konnte. Die E-Serie sowie die später mit geringen Modifikationen bedachte F-Serie erhielten beide einen 2341 cm³ großen Motor in drei unterschiedlichen Leistungskategorien. Der damit einhergehende Pferdestärkenzuwachs sorgte dafür, dass der 190 PS starke 911 S im Jahre 1972 das schnellste in Deutschland gebaute Serienfahrzeug war.

Baujahr	1973-1978
Motor-Bauart	Sechszylinder (Boxer)
Hubraum (cm³)	2687, 2993
Leistung (PS/U/min)	150 bei 5700 bis 210 bei 6300
Vmax in (km/h)	205 bis 235
Bauart	Coupé, Targa

Porsche 911, 911 S, Carrera (G- und I-Serie)

Für das Modelljahr 1974 brachte Porsche eine gründlich überarbeitete Facelift-Version des 911 an den Start. Das markanteste Merkmal des neuen Modells der G-Serie waren die wuchtigen Faltenbalg-Stoßstangen, die ein Zugeständnis an die strengen Sicherheitsbestimmungen in den USA darstellten, dem wichtigsten Exportmarkt der Stuttgarter. Die Kunden konnten wählen zwischen einem 150-PS-Basismodell, der 25 PS stärkeren S-Version und dem 210 PS leistenden Top-Modell namens Carrera 2.7. Die feuerverzinkte Karosserie, eine Pioniertat von Porsche, gehörte erst ab dem Jahr 1975 bei allen Elfern zur Serienausstattung.

Baujahr	1977-1983
Motor-Bauart	Sechszylinder (Boxer)
Hubraum (cm³)	2994
Leistung (PS/U/min)	180 bei 5500 bis 204 bei 5900
Vmax in (km/h)	225 bis 235
Bauart	Coupé, Targa, Cabriolet

Porsche 911 SC (K-Modell)

Eigentlich war der 911 Ende der siebziger Jahre schon todgeweiht – die technisch etwas anachronistische Sportwagenlegende schien am Ende ihres Lebenszyklus angekommen zu sein. In Fahrzeugen wie dem 928 sollte die Zukunft von Porsche liegen. So zeigte sich die 1977 auf den Markt gekommene SC-Version des 911 weichgespült und durstig. Mit nur noch 180 abgasgereinigten PS aus dem Dreiliter-Sechszylinder war kaum mehr Staat zu machen. Aber Porsche besann sich in den Folgejahren eines Besseren und gönnte dem SC weitere Entwicklungsschritte, die ihn wieder bis auf 204 PS erstarken ließen. Alle Autofans wissen, wie es weiterging: Der Elfer ist immer noch unter uns und stärker denn je, an den 928 erinnert sich dagegen kaum mehr jemand.

Baujahr	1983-1989
Motor-Bauart	Sechszylinder (Boxer)
Hubraum (cm³)	3164
Leistung (PS/U/min)	231 bei 5900 (mit Kat: 207 bei 5900 und 217 bei 5900)
Vmax in (km/h)	235 bis 245
Bauart	Coupé, Targa, Cabriolet

Porsche 911 Carrera (3,2 Liter)

Unter der seit 1981 neuen Firmenleitung wurde nun wieder gezielt der klassische Porsche schlechthin gepflegt statt ihn dahinsiechen zu lassen. Mit dem 1983 eingeführten Carrera (3,2) erlebte der Elfer einen neuen Frühling. Stärkere Motoren, ein neues Getriebe sowie die Einführung eines Vollcabriolets, das sich so viele jahrelang ersehnt hatten, gaben ihm einen gewaltigen Schub.

Baujahr	1988-1994
Motor-Bauart	Sechszylinder (Boxer)
Hubraum (cm³)	3600
Leistung (PS/U/min)	250 bei 6100
Vmax in (km/h)	260
Bauart	Coupé, Targa, Cabriolet, Speedster

Porsche 911 Carrera, 911 Targa (964)

Entgegen ursprünglichen Planungen ließ Porsche den Elfer nicht sterben sondern setzte verstärkt auf ihn: 1988 mit dem vollkommen neu konstruierten 911 der Baureihe 964. Bei fast gleich bleibender Optik gab es unter dem Blech einen wahren Modernitätsschub: 3,6-Liter-Motor mit 250 PS, Servolenkung, neue Fahrwerkskomponenten, ABS, Airbags und sogar mit dem Carrera 4 ein allradgetriebenes Modell. Weiterhin waren die bekannten Karosserievarianten Coupé, Targa und Cabrio erhältlich. Die Modellreihe 964 gilt als die Geburtsstunde des 911 zeitgemäßer Prägung.

Porsche 911 Carrera, 911 Targa (993)

Als Nachfolger der 964er Serie präsentierte Porsche 1993 als neueste Generation des Elfers die Baureihe 993. In ihr gelangten die technischen Innovationen, die den 964 kennzeichneten, zu endgültiger Reife – gepaart mit einer deutlich erkennbaren Modernisierung der traditionellen Linienführung, die nicht alle Fans begeisterte. Der 3,6-Liter-Boxermotor leistete nun 272, später sogar 286 PS. Serienmäßig wurde nun ein Sechsganggetriebe verbaut. Erstmals gab es eine neu konzipierte Targa-Version mit großem gläsernen Schiebedach. Der 993 sollte der letzte Elfer mit luftgekühltem Motor sein.

Baujahr	1993-1998
Motor-Bauart	Sechszylinder (Boxer)
Hubraum (cm³)	3600
Leistung (PS/U/min)	272 bei 6100 bis 286 bei 6500
Vmax in (km/h)	265 bis 275
Bauart	Coupé, Targa, Cabriolet

Porsche 911 Carrera, 911 Cabrio (996)

1997 begann mit der nächsten Modellgeneration namens 996 eine neue Zeitrechnung für den klassischen Elfer. Mit wassergekühltem Motor, komplett neuer Innenraumgestaltung, reduziertem Fertigungsaufwand und verstärkter Ausrichtung auf Komfort wurde die schon beim 993 angedeutete Neupositionierung des 911 endgültig vollzogen. Mit zunächst 300, ab 2002 320 PS setzte er leistungsmäßig aber auch neue Bestmarken. Zwar mundete die ein weiteres Mal geglättete klassische Linienführung nicht allen 911-Liebhabern, aber bis heute gelten die Modelle der 996-Generation als extrem solide und ausgereift.

Baujahr	1997-2004
Motor-Bauart	Sechszylinder (Boxer)
Hubraum (cm³)	3387, 3596
Leistung (PS/U/min)	300 bei 6800 bis 320 bei 6800
Vmax in (km/h)	280 bis 285
Bauart	Coupé, Targa, Cabriolet

Baujahr	2004-2011
Motor-Bauart	Sechszylinder (Boxer)
Hubraum (cm³)	3596
Leistung (PS/U/min)	325 bei 6800 bis 381 bei 7200
Vmax in (km/h)	285 bis 300
Bauart	Coupé, Targa, Cabriolet

Porsche 911 Carrera, 911 Cabrio (997)

Der nächste Modellwechsel der 911-Baureihe fand 2004 statt. Porsche wandte sich bei der Baureihe 997 vor allem einer verbesserten optischen Gestaltung der klassischen 911-Grundform zu. Mit dem aus dem 996 bekannten 3,6-Liter-Motor, nun auf 325 bzw. in der S-Version 355 (später 385) PS erstarkt, und einer äußerst attraktiven Linienführung, die sich an traditionellen Gestaltungsmustern orientierte, setzte der neue Elfer wieder Maßstäbe – zumal er auch ein wenig mehr in Richtung Sport als in Richtung Komfort getrimmt wurde. Als Cabrio und ab Ende 2006 auch als Targa lieferbar löste der 997 wieder eine echte 911-Welle aus.

Porsche 911 Carrera 2/4 GTS (997/2)

Baujahr	2010
Motor-Bauart	Sechszylinder (Boxer)
Hubraum (cm³)	3800
Leistung (PS/U/min)	408 bei 7300
Vmax in (km/h)	308
Bauart	Coupé, Cabriolet

Kurz vor der Ablösung der 997-Generation im Jahr 2011 gab Porsche dem aktuellen Elfer noch einmal kräftig die Sporen. Mit einem extrastarken Sportmodel namens Carrera GTS, das im Herbst 2010 erschien, wollte man ein Zeichen setzen. Mit auf 408 PS leistungsgesteigertem Motor und wahlweise Zwei- oder Vierradantrieb sowie üppiger Sonderausstattung versehen präsentierte es sich als besonders verlockendes Angebot. Der Carrera GTS konnte in Coupé- oder Cabrioform geordert werden und bot natürlich noch einmal verbesserte Fahrleistungen mit einer Höchstgeschwindigkeit von knapp 310 km/h.

Baujahr	2015-2019
Motor-Bauart	Sechszylinder-Boxer-Biturbo
Hubraum (cm³)	2981
Leistung (PS/U/min)	370 bei 7400 bis 450 bei 7500
Vmax in (km/h)	293 bis 310
Bauart	Coupé, Cabriolet, Targa

Porsche 911 Carrera 2, Carrera 2 S, Carrera 4, Carrera 4 S, Carrera 2 GTS, Carrera 4 GTS (991/2)

Die IAA 2015 bietet wieder ein Feuerwerk an Neuigkeiten – unter anderem den überarbeiteten Porsche 911. Der Typ 991/2 sorgt für Überraschungen: Erstmals stecken Turbomotoren im Heck – das war bislang dem auch so benannten Porsche Turbo vorbehalten. Doch schärfere Umweltgesetze erfordern vorher nie vorstellbare technische Änderungen. Der neue Motor schrumpft gewaltig im Hubraum – jetzt werden nur noch drei Liter angeboten. Doch dank zweier Turbolader steigt die Leistung und damit heben sich auch die Mundwinkel bislang zweifelnder 911-Fans. Die S-Version ist stärker wegen höheren Ladedrucks und unterschiedlicher Verdichter. So bringen die Basisversionen 911 Carrera 2 und Carrera 4 jeweils 370 PS auf die Straße, Carrera 2 S und Carrera 4 S leisten 420 PS. Kurze Zeit später sind auch Carrera 2 GTS und der allradgetriebene 4 GTS im Angebot: Der gleiche Motor sorgt hier für 450 PS, was umgesetzt in Speed 310 km/h Spitze bedeutet.

Porsche 911 Carrera T (991/2)

2018 kommt Porsche mit einer abgespeckten Version des 911 Carrera 2 (Typ 991/2) auf den Markt. Die Weissacher haben die Rücksitze entfernt, das Heckfenster sowie die hinteren Seitenfenster mit Dünnglas bestückt und Dämmmaterial eingespart. Auch Sitze hinten gibt es nicht, selbst auf das Porsche-Communications-Management (PCM) muss verzichtet werden – der Sound soll einzig vom röhrenden Auspuffende des doppelt aufgeladenen Sechszylinders kommen.Das Siebenganggetriebe ist kürzer übersetzt als beim Standardmodell. Auf Wunsch ist eine Doppelkupplung erhältlich, die aber etwas vom Top-Tempo nimmt, während der Sprint in 4,2 statt in 4,5 Sekunden gelingt. Der Preis: 107.553 Euro. Dafür gibt es vor allem „Fahren um des Fahrens Willen" (O-Ton-Porsche) – „eine Idee, die schon der 911 T von 1967 vertrat. Ganz im Sinne des T für Touring im Schriftzug ..."

Baujahr	2018
Motor-Bauart	Sechszylinder-Boxer-Biturbo
Hubraum (cm³)	2981
Leistung (PS/U/min)	370 bei 7400
Vmax in (km/h)	293
Bauart	Coupé

Porsche 911 Carrera S, 911 Carrera 4 S (992)

Baujahr	seit 2019
Motor-Bauart	Sechszylinder-Boxer-Biturbo
Hubraum (cm³)	2981
Leistung (PS/U/min)	450 bei 6500
Vmax in (km/h)	306 bis 308
Bauart	Coupé, Cabriolet

Es herrscht Spannung, als Porsche Ende 2018 am Vortag der Los Angeles Auto Show im firmeneigenen „Porsche Experience Center" die achte Generation des Porsche 911, den Typ 992, enthüllt. Ex-Formel-1-Fahrer Mark Webber und Porsche-Chef Oliver Blume lassen nicht nur alle sieben Vorgänger-Generationen vorfahren, sondern auch den 992 als Coupé in S- und S 4-Version. Die kommen zuerst auf den Markt, also als stärkerer 911 mit Hinterradantrieb und als Allradler. Der 992 zeichnet sich aus durch ein behutsam weitergeführtes Design (besonders die Heckpartie mit durchgehendem Leuchtenband ist gelungen), durch 450 PS (also genau so viel wie der 911 GTS), einen völlig überarbeiteten Innenraum samt stilsicherem Mix aus analogen Schaltern/Anzeigen mit modernen digitalen Elementen und eine neuartige „Wet Mode"-Elektronik. Sie erkennt dank Sensoren in den Radkästen, wenn sich (zu) viel Wasser auf der Straße befindet und warnt den Fahrer, der per Knopfdruck alle Systeme besonders sicherheitsbetont einstellen kann. Der Preis für das Gesamtkunstwerk: 120.125 Euro für das S-Coupé, 127.979 Euro für das 4 S-Coupé, das den Sprint in 3,6 Sekunden schafft. Das Cabrio mit fester Glas-Heckscheibe folgt schon sechs Wochen später – für 134.405 Euro (Carrera S) und 142.259 Euro (Carrera 4 S, Top-Speed 304 km/h) inklusive schneller Dachöffnung, was dank neuer Hydraulik nur noch zwölf Sekunden dauert. In Arbeit sind Targa, GTS und GT3.

Porsche 911 Speedster (991)

Lange vorbei die Zeiten, als ein Porsche Speedster eine leichte und günstige Alternative zu besser ausgestatteten Modellen war. Porsche berechnet fast 270.000 Euro für einen Speedster der neuesten Generation. Basis für den Speedster ist der 911 Carrera GT3 Typ 991, Pate stand aber auch der 911 R von 2016. Das Sahneschnittchen dabei ist der Vierliter-Vierventil-Sechszylinder als reiner Sauger-Boxer mit 510 PS, den man bis zu 9000 Umdrehungen jubeln lassen kann. Er besitzt alle elektronischen Porsche-Feinheiten wie Hinterachslenkung, dynamische Motorlager, Active Suspension Management, das Stabilisierungssystem PSM und Torque-Vectoring. In den 20-Zöllern arbeiten Keramikbremsen, die beiden glücklichen Insassen werden von Carbonsitzen umschlungen. Der Speedster ist ausschließlich mit handgeschalteten sechs Gängen zu haben.

Baujahr	seit 2019
Motor-Bauart	Sechszylinder-Boxer
Hubraum (cm^3)	3996
Leistung (PS/U/min)	510 bei 8400
Vmax in (km/h)	310
Bauart	Roadster

Porsche 912

Baujahr	1965-1969
Motor-Bauart	Vierzylinder (Boxer)
Hubraum (cm³)	1582
Leistung (PS/U/min)	90 bei 5800
Vmax in (km/h)	180
Bauart	Coupé, Targa

Die Kombination von neuer Karosserie und altem Vierzylinder sollte, so spekulierte man in Zuffenhausen, frustrierte Porsche-Kunden an die Marke binden, denen der 911 einfach zu teuer war. Leider täuschte man sich da. Der 1,6-Liter-Boxer aus dem 356 SC mühte sich redlich ab mit der neuen, schwereren Karosse des 912, und der Kaufpreis – obwohl günstiger als beim Elfer – war nach wie vor nicht von Pappe. Sein Identitätsproblem wurde der 912 jedenfalls zeitlebens nicht los. Er war eben nur ein Lückenfüller.

Porsche 912 E

Dem US-Markt vorbehalten blieb eine Art Neuauflage des 912, nun 912 E genannt und auf dem vollverzinkten I-Modell ab 1975 basierend. Die inzwischen deutlich voluminösere und schwerere 911-Karosse war dabei mit einer massiv abgasgereinigten Version des Zweiliter-Boxervierzylinders aus dem 914 2.0 motorisiert, die nur noch bedenkliche 87 PS bereitstellte. Das Konzept funktionierte dann auch deutlich schlechter als das des ursprünglichen 912 und wurde zum Flop – in den beiden Produktionsjahren 1975 und 76 wurden nur 2000 Exemplare hergestellt.

Baujahr	1975-1976
Motor-Bauart	Vierzylinder (Boxer)
Hubraum (cm³)	1971
Leistung (PS/U/min)	87 bei 4900
Vmax in (km/h)	175
Bauart	Coupé

Porsche 911 Carrera RS 2.7

Dieses als Basisfahrzeug für den Motorsporteinsatz gedachte Modell aus dem Jahre 1972 kann als die Quintessenz des klassischen Porsche- und des 911-Konzepts gelten: Eine reine Fahrmaschine, reduziert aufs Wesentliche, mit geringem Gewicht und dafür umso mehr Leistung. 210 PS aus 2,7 Litern Hubraum waren eine explosive Mischung im unruhigen Elfer-Heck. Der epochemachende Heckspoiler, Bürzel genannt, und die Kriegsbemalung ließen auch von außen keinen Zweifel an der Zweckbestimmung des RS aufkommen.

Baujahr	1972-1975
Motor-Bauart	Sechszylinder (Boxer)
Hubraum (cm³)	2687
Leistung (PS/U/min)	210 bei 6300
Vmax in (km/h)	240
Bauart	Coupé

Baujahr	1975-1989
Motor-Bauart	Sechszylinder-Boxer-Turbo
Hubraum (cm³)	2993, 3299
Leistung (PS/U/min)	260 bei 5500 bis 300 bei 5500
Vmax in (km/h)	250 bis 270
Bauart	Coupé, Cabriolet

Porsche 911 Turbo (930)

Das Jahr 1975 brachte einen neuen Höhepunkt in der Geschichte des ultimativen Heckmotor-Sportwagens: Der Porsche turbo betrat die Bühne. Durch die Einführung des im Rennsport erprobten Turboladers in die Serienfahrzeugproduktion wurde aus einem normalen Dreiliter-Carrera ein wahres Monster. Mit seinen zunächst 260 PS katapultierte sich der Turbo zumindest in der Beschleunigung auf eine Ebene mit den schnellsten Ferrari- und Lamborghini-Modellen. Die faszinierende Kraftentfaltung wurde zur Legende.

Porsche 911 Turbo (964)

1991 brachte Porsche den Turbo der Modellgeneration 964 auf den Markt. Im Heck war der 3,3-Liter-Sechszylinder-Boxer seines Vorgängers montiert, der 320 PS leistete. Zum Missfallen der Fangemeinde setzte sich der neue Turbo damit zu wenig vom normalen Saug-Elfer ab, dessen inzwischen auf 3,6 Liter Hubraum gewachsener Motor immerhin schon 250 PS lieferte. Ab Ende 1992 erhörte man in Zuffenhausen die Klagen der Porsche-Jünger und rüstete den Turbo mit einer aufgeladenen Version des 3,6-Liters aus, die mit 360 PS den standesgemäßen PS-Abstand wiederherstellte.

Baujahr	1991-1994
Motor-Bauart	Sechszylinder-Boxer-Biturbo
Hubraum (cm³)	3299, 3600
Leistung (PS/U/min)	320 bei 5750 bis 360 bei 5500
Vmax in (km/h)	270 bis 280
Bauart	Coupé

Baujahr	1995-1998
Motor-Bauart	Sechszylinder-Boxer-Biturbo
Hubraum (cm³)	3600
Leistung (PS/U/min)	408 bei 5750 bis 450 bei 5750
Vmax in (km/h)	290
Bauart	Coupé

Porsche 911 Turbo (993)

Das Spitzenmodell der 993-Baureihe, der Turbo, wurde Ende 1995 präsentiert und man wiederholte nicht den Fehler, den neuen Turbo zu wenig von den Saugmotor-Elfern abzusetzen. Erheblich weiterentwickelt und mit zwei statt einem Turbolader ausgestattet stellte der 3,6-Liter-Boxermotor nun 408 PS bereit und überschritt damit eine magische Grenze. 1997 und 1998 war auf spezielle Order noch eine weitere Ausbaustufe des Turbo zu haben: der Turbo S mit 435 bzw. 450 PS. Beide Motorversionen waren als werkseitige Leistungssteigerung gegen satten Aufpreis erhältlich.

Baujahr	2000-2005
Motor-Bauart	Sechszylinder-Boxer-Biturbo
Hubraum (cm³)	3600
Leistung (PS/U/min)	420 bei 6000 bis 450 bei 5700
Vmax in (km/h)	300 bis 310
Bauart	Coupé, Cabriolet

Porsche 911 Turbo (996)

Auch nach dem einschneidenden Modellwechsel vom 993 auf den 996 mit nun wassergekühltem Motor behielt der Turbo seine Spitzenstellung innerhalb der Modellpalette des Elfers. Ende 2000 kam die neue Ausgabe auf den Markt. Der komplett neu konstruierte Sechszylinder basierte auf dem Triebwerk des GT1 (s.o.), hatte 3,6 Liter Hubraum und war mit zwei Turboladern und ebenfalls zwei Ladeluftkühlern ausgestattet. Das Datenblatt notierte in der Serienausführung 420 PS. Später war – analog zum Turbo der 993er Serie – gegen Aufpreis eine Werksleistungssteigerung auf 450 PS verfügbar. Mit diesem Triebwerk serienmäßig gab es ab Herbst 2004 auch einen Turbo S.

Baujahr	2006-2012
Motor-Bauart	Sechszylinder-Boxer-Biturbo
Hubraum (cm³)	3600
Leistung (PS/U/min)	480 bei 6000 bis 530 bei 6750
Vmax in (km/h)	310 bis 315
Bauart	Coupé, Cabriolet

Porsche 911 Turbo (997)

Knapp zwei Jahre nach Einführung der Modellgeneration 997 kam im Sommer 2006 die aktualisierte Turboversion heraus. Technisches Highlight war die erstmals in einem Serienfahrzeug mit Ottomotor realisierte variable Turbinengeometrie der beiden Lader, die für ein wesentlich verbessertes Ansprechverhalten sorgte. Grundsätzlich standen im neuen Turbo nun 480 PS bereit. Ab 2007 gab es den Turbo auch als Cabrio und ab 2009 nach einer größeren Modellpflege mit innovativer Direkteinspritzung, die für günstigere Verbrauchs- und Abgaswerte aber auch eine Leistungssteigerung auf 500 bzw. im S-Modell 530 PS sorgte.

Baujahr	2014-2019
Motor-Bauart	Sechszylinder-Boxer-Biturbo
Hubraum (cm³)	3800
Leistung (PS/U/min)	520 bei 6000 bis 607 bei 6750
Vmax in (km/h)	293
Bauart	Coupé

Porsche 911 Turbo, 911 Turbo S, 911 Turbo S Exclusive (991)

Der neue 911 Turbo, Typ 991/1, kommt nicht nur mit 520 PS, sondern auch mit aktiver Hinterachslenkung. Sie sorgt vor allem für dynamischere Kurvenfahrten, natürlich vorrangig auf der Rennstrecke. Front- und Heckspoiler sind dreistufig ausfahrbar. Zur noch größeren Unterhaltung der Insassen werden dank Sound-Symposer faszinierende Ansauggesänge des Motors ins Innere geleitet. 750 Nm schieben den 1605 Kilo schweren Sportwagen mit Leichtigkeit an – natürlich hilft der turbotypische Allradantrieb. Die Beschleunigung gelingt in 3,1 Sekunden, mit 315 km/h Top-Speed kann man schon ganz gut auf der Überholspur der Autobahn räubern. Das kostet aber 197.041 Euro. Den Turbo gibt es ab 2012 auch als noch stärkeres S-Modell mit 560 PS, der noch extremer um Vorfahrt bittet. Beide Turbos haben breite Backen und Heckflügel, die zweistufig ausfahren und den Anpressdruck auf den Hinterachsen erhöhen. Ein Jahr später besitzen die Turbo-Modelle einen mehrfach verstellbaren, dreistufigen Frontspoiler. Anfang 2016 hat der Porsche Turbo S schon 580 PS (Typ 991/2). Das Top-Modell, der 911 Turbo S Exclusive, kommt sogar mit 607 PS, womit er keine drei Sekunden mehr für den Sprint braucht. Er schafft 0 bis 100 km/h in 2,9 Sekunden.

Porsche 911 Turbo S (992)

Einige Zeit nach Coupé, Cabrio und Targa bringt Porsche den Typ 992 natürlich auch als Turbo – die stärkere Version Turbo S zuerst mit 650 PS. Damit ist die siebte Generation, die auch wieder als Coupé und Cabriolet zu haben ist, satte 70 PS stärker als der Vorgänger. Für das Coupé werden gut 216.000 Euro gefordert, das Cabriolet kostet gleich knapp 230.000 Euro. Die breite Karosserie ist tatsächlich breit, an der breitesten Stelle misst sie inzwischen 190 Zentimeter. Zum ersten Mal steht der Turbo auf Mischbereifung: Vorne sind 20-Zöller verbaut, hinten arbeiten 21-Zöller. Kurz danach lässt Porsche die normale Version mit immerhin noch 580 PS folgen – der ist aber eher für Märkte gedacht, die für die 650-PS-Version hohe Luxussteuern fordern und in denen 320 km/h Spitze reichen. Der einfache Turbo sprintet allerdings auch schon in 2,7 Sekunden von 0 auf 100 km/h, was nur ein Beweis der überragenden Traktion des Modells ist. Der Mix von Coupé zu Cabrio soll etwa 60/40 betragen.

Baujahr	seit 2020
Motor-Bauart	Sechszylinder-Boxer-Biturbo
Hubraum (cm³)	3745
Leistung (PS/U/min)	650 bei 6750
Vmax in (km/h)	330
Bauart	Coupé, Cabriolet

Porsche 924, 924 Turbo, 924 S

Trotz großer Verkaufserfolge könnte man mit einigem Recht behaupten, dass mit der Markteinführung des 924 die bis dahin schwierigste Phase des Unternehmens Porsche begann. In der Nachbetrachtung beschädigte er zeitweilig den Ruf der Zuffenhausener Marke. Weder die etwas anfälligen und durstigen Turbo-Versionen noch die mit dem 924 S vorgenommene Ablösung des rau laufenden Einspritz-Vierzylinders durch den von Porsche selbst konstruierten 944-Motor im Jahre 1985 konnten verhindern, dass sich das Frontmotorkonzept letztlich als Sackgasse erwies.

Baujahr	1976-1985
Motor-Bauart	Vierzylinder (Reihe), Vierzylinder-Turbo (Reihe)
Hubraum (cm³)	1984, 2479
Leistung (PS/U/min)	125 bei 5800 bis 177 bei 5500
Vmax in (km/h)	195 bis 230
Bauart	Coupé

Porsche 924 Carrera GT, 924 Carrera GTS, 924 Carrera GTR

Um auch mit dem 924 im internationalen Motorsport mitmischen zu können legte Porsche im Jahr 1980 eine Sonderserie extrem rennorientierter Versionen des Turbo-Modells auf. Der Carrera GT präsentierte sich in etwas martialischer Optik mit aufgesetzten Kotflügelverbreiterungen und auf die Motorhaube platzierter Lufthutze. Mit 210 PS Leistung drang er in die Fahrleistungsbereiche der seinerzeitigen 911er vor. Noch besser freilich konnten es die kaum mehr straßentauglichen Varianten GTS und GTR, deren aufgeladene Vierzylinder stramme 280 PS bereit stellten. Von diesen wurden insgesamt nur 50 Exemplare hergestellt.

Baujahr	1980-1981
Motor-Bauart	Vierzylinder-Turbo (Reihe)
Hubraum (cm³)	1984
Leistung (PS/U/min)	210 bei 6000 bis 280 bei k.A.
Vmax in (km/h)	240 bis 270
Bauart	Coupé

Baujahr	1977-1986
Motor-Bauart	V8
Hubraum (cm³)	4474, 4664
Leistung (PS/U/min)	240 bei 5250 bis 310 bei 5900
Vmax in (km/h)	225 bis 255
Bauart	Coupé

Porsche 928, 928 S

Nur ein Jahr nach dem 924, an dem die gusseisernen Porsche-, d.h. 911-Fans schon viel zu knabbern hatten, der aber insgesamt ein Erfolg für die Marke wurde, präsentierten die Zuffenhausener den 928, ein sportliches Langstrecken-Coupé mit wassergekühltem, 4,5 Liter großem Frontmotor-V8 und innovativen Karosserielinien. Unter der seinerzeitigen Firmenleitung schien das Ende des 911 beschlossene Sache zu sein und die Zukunft in solchen für modern gehaltenen Fahrzeugkonzepten zu liegen. Technisch und fahrdynamisch war der 2+2-sitzige Sportwagen zweifellos eine Offenbarung, aber er polarisierte enorm. Diejenigen, die ihn letztlich kauften, waren begeistert, für viele andere Porsche-Fans und potenzielle Kunden war und blieb er letztlich ein rotes Tuch.

Baujahr	1981-1991
Motor-Bauart	Vierzylinder (Reihe), Vierzylinder-Turbo (Reihe)
Hubraum (cm³)	2479, 2681, 2990
Leistung (PS/U/min)	163 bei 5800 bis 250 bei 6000
Vmax in (km/h)	233 bis 240
Bauart	Coupé, Cabriolet

Porsche 944, 944 Turbo, 944 S2

Nachdem die Absatzzahlen des 924 mittlerweile erheblich abgesackt waren, brachte Porsche 1981 mit dem 944 ein Fahrzeug auf den Markt, das die Handschrift der Zuffenhausener wieder deutlicher zeigte. Zwar hatte das Geld für eine komplett neue Karosserie gefehlt, aber die vorgenommenen optischen Retuschen und vor allem der brandneue Porsche eigene Vierzylinder setzten eine Menge positive Akzente. 1984 reichte man – wie erwartet – eine Turbo-Version mit zunächst 220, später 250 PS nach. Mit auf 2,7 Liter vergrößertem sowie mit einem Vierventil-Zylinderkopf versehenen Triebwerk und 190 PS kam 1986 der 944 S in die Verkaufsräume, der 1988 wiederum vom S2 abgelöst wurde, dessen Motor volle drei Liter Hubraum aufwies und 211 PS leistete.

Porsche 959

Baujahr	1986-1988
Motor-Bauart	Sechszylinder-Boxer-Biturbo
Hubraum (cm³)	2850
Leistung (PS/U/min)	450 bei 6500
Vmax in (km/h)	315
Bauart	Coupé

Die Zuffenhausener begannen in den späten achtziger Jahren wieder an Stärke zu gewinnen und vor allem wieder ihren Weg zu erkennen. Das zeigte der 1986 vorgestellte 959, ein geniales High-tech-Monster, das alles an hochgestochener Automobiltechnik an Bord hatte, was Mitte der 80er Jahre machbar war. Ursprünglich als limitiert aufgelegtes Basisfahrzeug für den Motorsport gedacht, wurde der 959 schließlich zu einem Technologie- und Imageträger für Porsche, den sich Superreiche auch in die Garage stellen konnten. Mit zwei Turboladern leistete der knapp 2,9 Liter große Sechszylinder-Boxermotor 450 PS, permanenter Allradantrieb und Sechsganggetriebe rundeten die Spezifikation des auch optisch spektakulär in Szene gesetzten Über-Autos ab.

Baujahr	1991-1995
Motor-Bauart	Vierzylinder (Reihe), Vierzylinder-Turbo (Reihe)
Hubraum (cm³)	2990
Leistung (PS/U/min)	240 bei 6200
Vmax in (km/h)	240
Bauart	Coupé, Cabriolet

Porsche 968 Coupé, 968 CS Coupé, 968 Cabriolet, 968 Turbo S

In der Porsche-Kasse herrschte zu Beginn der neunziger Jahre beängstigende Ebbe. Der 911 war zwar zum Glück wiederbelebt und verkaufte sich recht gut, die Vier- und Achtzylinder-Baureihen schienen jedoch keine wirkliche Zukunft zu haben. Mit dem 968 kam Ende 1991 noch einmal ein neuer Aufguss des 944-Themas, diesmal mit einem auf sagenhafte 3 Liter Hubraum gebrachten Vierzylinder und 240 PS. Trotz mancher optischer Retuschen an Front und Heck kam der 968 auf den ersten Blick immer noch daher wie ein 924, der für Porsches Image nicht nur Gutes getan hatte. Technisch lagen mittlerweile jedoch Welten zwischen beiden Typen, vor allem aber preislich: Um die 100.000 Mark musste bezahlen, wer ein 968 Coupé oder das später nachgeschobene hübschere Cabrio erstehen wollte.

Baujahr	1995-1998
Motor-Bauart	Sechszylinder-Boxer-Biturbo
Hubraum (cm³)	3600
Leistung (PS/U/min)	430 bei 5750
Vmax in (km/h)	295
Bauart	Coupé

Porsche 911 GT2 (993)

Im Einklang mit neuen Motorsportreglements brachte Porsche 1995 eine erste Sportversion des Turbo heraus, die GT2 genannt und lediglich in 172 Exemplaren gefertigt wurde. Um das Leistungsgewicht des Fahrzeugs zu reduzieren wurden sämtliche Komfortextras entfernt, das Fahrwerk dem Einsatzzweck entsprechend optimiert und die Aerodynamik im Sinne höherer Fahrstabilität verbessert. Der luftgekühlte Turbomotor leistete nun 430 PS. Ab 1998 gab es eine überarbeitete Version des GT2 mit 450 PS und knapp unter 1300 kg Gewicht, von der aber nur 21 Exemplare verkauft werden konnten.

Porsche 911 GT2 (996)

Im Unterscheid zu seinem Vorgänger der 993er Serie war die GT2-Version des 996 ausschließlich als Straßenfahrzeug konzipiert. Gleichwohl verfügte sie über zahlreiche attraktive Ausstattungsdetails aus der Motorsportpraxis, die aber die höhere Alltagstauglichkeit des 996 GT2 weit weniger einschränkten. Als Resultat konnte Porsche fast 1000 Exemplare dieses etwas zivilisierteren Modells verkaufen. Der Turbomotor des GT2 war auf 462 PS leistungsgesteigert worden. Noch einmal 21 Mehr-PS kamen dann mit einer überarbeiteten und erneut gewichtsreduzierten Version im Frühjahr 2003 hinzu.

Baujahr	2000-2003
Motor-Bauart	Sechszylinder-Boxer-Biturbo
Hubraum (cm³)	3600
Leistung (PS/U/min)	462 bei 5700 bis 483 bei 5700
Vmax in (km/h)	315
Bauart	Coupé

Baujahr	1999-2004
Motor-Bauart	Sechszylinder (Boxer)
Hubraum (cm³)	3600
Leistung (PS/U/min)	360 bei 7200 bis 381 bei 7400
Vmax in (km/h)	302 bis 306
Bauart	Coupé

Porsche 911 GT3 (996)

Mit der neuen Generation wassergekühlter Elfer nahm Porsche 1999 auch wieder die Tradition hochsportlicher Varianten im Stil des legendären 911 Carrera RS 2.7 aus den frühen siebziger Jahren auf. Das nun GT3 genannte Sportmodell auf Basis des Saugmotor-911 verzichtete aus Gewichtsgründen auf die üblichen Komfortextras und war mit einer auf 360 PS, später bei der zweiten Generation auf 381 PS leistungsgesteigerten Version des 3,6-Liter-Boxertriebwerks ausgerüstet. Darüber hinaus gab es etliche Modifikationen in Sachen Fahrwerk und Aerodynamik um der höheren Leistungsausbeute gerecht zu werden.

Baujahr	2003-2004
Motor-Bauart	Sechszylinder (Boxer)
Hubraum (cm³)	3600
Leistung (PS/U/min)	381 bei 7400
Vmax in (km/h)	306
Bauart	Coupé

Porsche 911 GT3 RS (996)

Nachdem die GT3-Modelle zu serienmäßig lieferbaren Sportversionen des Elfers geworden und nicht mehr ganz so kompromisslos in Richtung Rennwagen ausgelegt waren, übernahmen die RS-Modelle die Funktion der echten Supersportler. Weitere Gewichtsreduzierung und die generelle Ausrüstung mit dem 381-PS-Motor kennzeichneten sie. Vor dem Hintergrund möglicher Motorsporteinsätze gab es eine Vielzahl technischer Spezifikationen, die die mechanische Belastbarkeit verschiedenster Technikkomponenten gegenüber den eher straßenorientierten GT3 erhöhte.

Baujahr	2006-2008
Motor-Bauart	Sechszylinder (Boxer)
Hubraum (cm³)	3600
Leistung (PS/U/min)	415 bei 7600
Vmax in (km/h)	310
Bauart	Coupé

Porsche 911 GT3 (997)

Im Frühjahr 2006 präsentierten die Zuffenhausener in konsequenter Folge den GT3 der Elfer-Generation 997. Neben einem erneuten Leistungszuwachs auf 415 PS sorgten weitere Verfeinerungen der Fahrwerksauslegung samt neuer elektronischer Regelsysteme dafür, dass das extreme Fahrleistungspotenzial dieses Sport-Elfers sicher ausgeschöpft werden konnte. Die Positionierung des GT3 als serienmäßig lieferbare, auf Straßennutzung abgestimmte Sportversion des normalen 911 wurde auch bei der 997-Generation beibehalten.

Porsche 911 GT3 RS (997)

Baujahr	2006-2009
Motor-Bauart	Sechszylinder (Boxer)
Hubraum (cm³)	3600
Leistung (PS/U/min)	415 bei 7600
Vmax in (km/h)	310
Bauart	Coupé

Ab 2006 gab es auch eine RS-Version des 911 GT3 der Modellgeneration 997. Der als Homologationsmodell für den GT-Rennsport gedachte supersportliche RS war mit einer 415 PS starken Variante des 3,6-Liter-Saugmotors ausgerüstet. Typisch für die RS-Modelle war neben einem um 20 kg verringerten Fahrzeuggewicht eine im Heckbereich um 44 mm verbreiterte Karosserie und die serienmäßige Ausrüstung mit Motorsportzubehörteilen, wie einem Sechspunktgurt, einem Überrollkäfig und einem Feuerlöscher.

Baujahr	2007-2011
Motor-Bauart	Sechszylinder-Boxer-Biturbo
Hubraum (cm³)	3600
Leistung (PS/U/min)	530 bei 6500
Vmax in (km/h)	329
Bauart	Coupé

Porsche 911 GT2 (997)

2007 legte Porsche auch eine GT2-Version der aktuellen 997er Serie nach. Ungebrochen setzte sich die Leistungsexplosion fort: 530 PS produzierte nun der Sechszylinder-Boxermotor im Heck. Zusammen mit einer Reduzierung des Fahrzeuggewichts ergaben sich dadurch Fahrleistungswerte wie sie zuvor noch kein straßenzulassungsfähiger Porsche erreicht hatte. Wie schon bei seinem Vorgänger war der 997 GT2 ein normal erhältliches Serienfahrzeug der Porsche Modellpalette. Auf 500 Exemplare limitiert war dagegen der in Frühjahr 2010 präsentierte GT2 RS mit 620 PS, der eher die Rolle eines so gerade noch straßenzulassungsfähigen Rennwagens spielte.

Baujahr	2009-2011
Motor-Bauart	Sechszylinder (Boxer)
Hubraum (cm³)	3797
Leistung (PS/U/min)	435 bei 7800
Vmax in (km/h)	312
Bauart	Coupé

Porsche 911 GT3 (997/2)

Schneller, schöner, teurer: Tiefgreifend überarbeitet kam 2009 die modellgepflegte neue Ausgabe des GT3 auf den Markt. Das Sechszylinder-Boxertriebwerk im Heck – auf 3,8 Liter vergrößert – stellte nun 435 PS zur Verfügung, wies aber nicht die kurz zuvor für die zivilen Modelle eingeführte Benzindirekteinspritzung auf. Von außen war der neue einteilige Heckflügel augenfälligstes Erkennungszeichen der aktualisierten GT3-Modelle, die nun serienmäßigen Zentralverschlussfelgen bedurften schon eher eines Kennerblicks.

Porsche 911 GT3 RS (997/2)

Ab Anfang 2010 war eine weitere Leistungsspritze für den RS vonnöten, stellte der seit 2009 erhältliche „normale" GT3 mit 3,8-Liter-Triebwerk doch satte 435 PS bereit, während es beim bis dahin lieferbaren RS „nur" 415 waren. Neben anderen Verbesserungen am Chassis und im Innenraum stand deshalb die Leistungssteigerung des Sechszylinder-Saugmotors im Mittelpunkt des Interesses. Aus der auf 3,8 Liter vergrößerten Maschine holten die Porsche Ingenieure nun volle 450 PS heraus und sicherten damit dem RS wieder die gewohnte Spitzenposition in Sachen Motorleistung.

Baujahr	2009-2011
Motor-Bauart	Sechszylinder (Boxer)
Hubraum (cm³)	3797
Leistung (PS/U/min)	450 bei 7900
Vmax in (km/h)	312
Bauart	Coupé

Porsche 911 GT2 RS (997/2)

Sieben Minuten, 18 Sekunden – muss man mehr sagen? Das ist natürlich die Zeit, die der Porsche 911 GT2, Typ 997, des Jahrganges 2010 benötigt, um die Nordschleife zu umrunden. Allerdings hat er dafür auch 620 PS zur Verfügung, die nicht nur kein Problem mit der schönsten Rennstrecke der Welt haben, sondern auch nicht mit den 1370 Kilo Autogewicht. Das Leistungsgewicht beträgt gerade mal 2,21 Kilo pro PS, da kommt kein Konkurrent mit. 0 bis 100 km/h in 3,5 Sekunden, 0 bis 200 km/h in 9,8 Sekunden, 0 bis 300 km/h in 28,9 Sekunden – Porscheherz, was willst Du mehr? Vom „normalen" GT2 unterscheidet sich der RS vor allem durch viele Anbauteile in kohlefaserverstärktem Kunststoff in mattschwarz, durch Zentralverschlüsse und breitere Felgen in breiteren Radhäusern. Innen erfreuen Leichtbau-Türtafeln mit roten Öffnerschlaufen den Besitzer – natürlich auch noch weitere Details wie ultraleichte Schalensitze. Nur 500 Stück fährt Porsche auf den Markt, in Deutschland muss man 237.579 Euro dafür berappen.

Baujahr	2010
Motor-Bauart	Sechszylinder-Boxer-Biturbo
Hubraum (cm^3)	3600
Leistung (PS/U/min)	620 bei 6500
Vmax in (km/h)	330
Bauart	Coupé

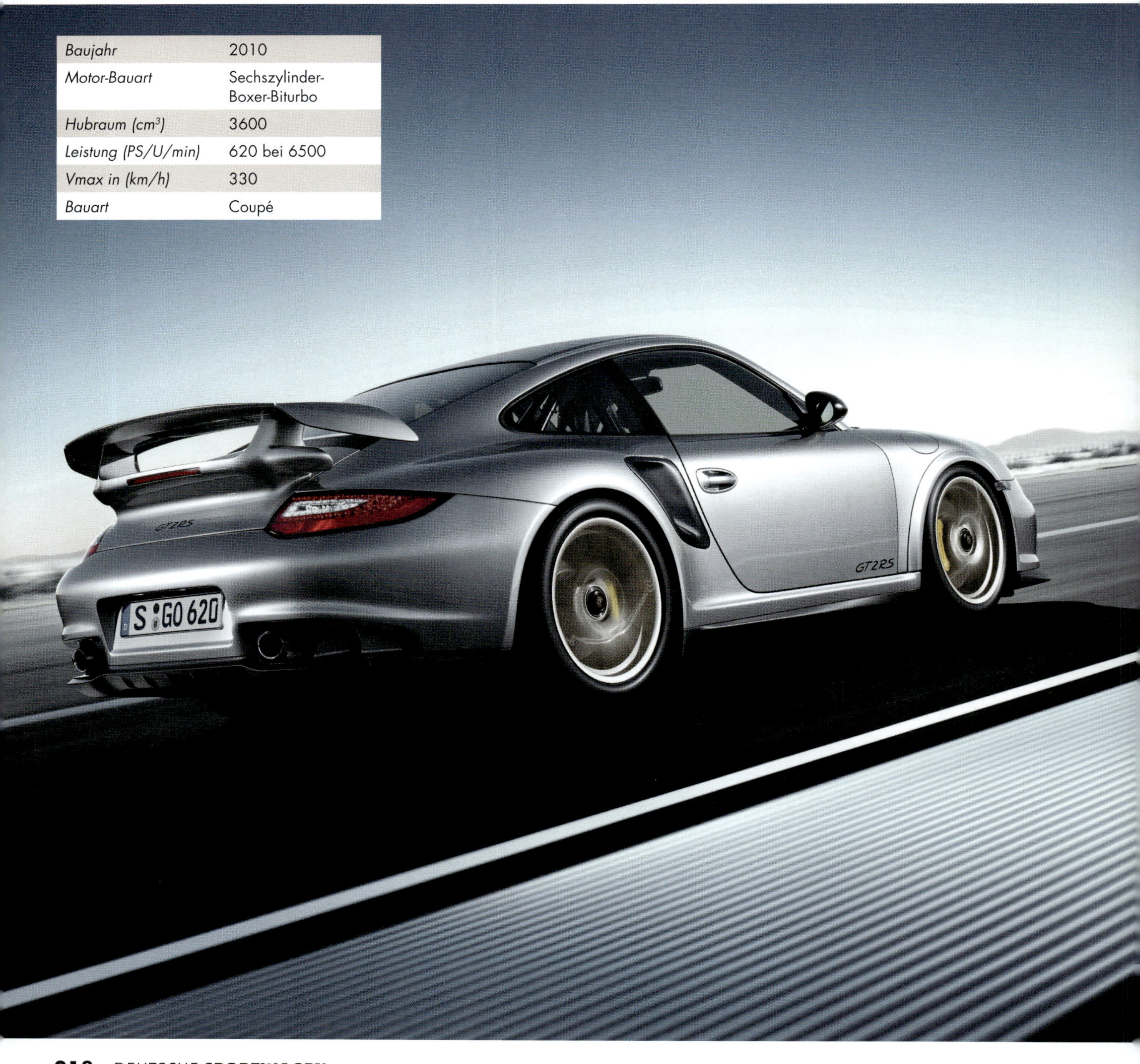

Porsche 911 GT3 RS 4.0 (997/2)

Vor dem Hintergrund des nächsten Generationswechsels der 911-Baureihe im Herbst 2011 schob Porsche quasi als Höhe- und Schlusspunkt der Motorenentwicklung der 997er Modelle im Sommer eine auf 600 Fahrzeuge limitierte Sonderedition des RS nach. Mit recht auffälliger Kriegsbemalung und vollen vier Litern Hubraum standen jetzt runde 500 PS für den RS 4.0 zu Buche. Zugleich wurde die Produktion des GT3 RS mit 3,8-Liter-Motor eingestellt. Bereits vor dem Fertigungsbeginn dieses fast 180.000 Euro teuren Modells, waren sämtliche 600 geplanten Exemplare bereits verkauft.

Baujahr	2011
Motor-Bauart	Sechszylinder (Boxer)
Hubraum (cm³)	3998
Leistung (PS/U/min)	500 bei 8250
Vmax in (km/h)	310
Bauart	Coupé

Porsche 911 GT3 RS (991)

Im 911 GT3 RS der nächsten Generation, Typ 991/1, bietet Porsche erstmals serienmäßig ein Siebengang-PDK-Getriebe an. Außerdem steckt dieser Vierliter-Sauger – natürlich ein Boxer – in der breiten Karosserie des Turbo. Mit 500 PS bei 1420 Kilogramm Autogewicht lässt sich so allerhand anstellen, etwa der Sprint in 3,3 Sekunden. Damit Kurven noch mehr Spaß machen, gibt es ein neues Torque-Vectoring-System mit vollvariabler Hinterachssperre. Die gut 20 Kilometer lange Nordschleife, die seit Jahrzehnten Maßstab in Sachen Tempo und Rekorde für straßenzugelassene Autos und Rennwagen ist, wird in 7:20 Minuten umrundet.

Baujahr	2015-2016
Motor-Bauart	Sechszylinder-Boxer
Hubraum (cm³)	3996
Leistung (PS/U/min)	500 bei 8250
Vmax in (km/h)	310
Bauart	Coupé

Baujahr	2017
Motor-Bauart	Sechszylinder-Boxer-Biturbo
Hubraum (cm^3)	3797
Leistung (PS/U/min)	700 bei 7000
Vmax in (km/h)	340
Bauart	Coupé

Porsche 911 GT2 RS (991/2)

Diesmal hat sich Porsche als Präsentationsort des neuen 911 GT2 RS Typ 991/2 Goodwood ausgesucht, und der Ort bietet die standesgemäße Kulisse für die Entfaltung der wahren Werte des Sportlers: 2,8 Sekunden vergehen bis Tempo 100, 8,3 Sekunden bis 200. Das verdankt der Pilot hauptsächlich dem Sechszylinder-Boxer, der von zwei Turboladern befeuert wird und 700 PS sowie 750 Newtonmeter leistet. Der Preis befindet sich allerdings auch in anderen Sphären: 285.220 Euro. Im Oktober 2018 fährt das Auto in Manthey-Spezifikation mit Performance-Kit eine Rekordrunde auf dem Nürburgring für straßenzugelassene Fahrzeuge mit 6:40,3 Minuten. Es ist der schnellste und stärkste 911 aller Zeiten und somit auch Basis für den Spaßsportwagen 935/19, den Porsche sich und seinen Fans 2018 zum 70. Geburtstag schenken wird.

Porsche 911 GT3 (991/2)

Der GT3 des Typs 991 erfährt 2017 eine Modellpflege und wird deshalb als Typ 991/2 bezeichnet. Seinen Sechszylinder-Boxer kann man bis 9000 Umdrehungen hochjubeln, wenn's notwendig ist. Das Fahrwerk hat alles, was man auch auf der Rennstrecke braucht, inklusive einstellbarer Spur, Sturz und Stabilisatoren. Mit Schaltgetriebe sind 320 km/h möglich, der Sprint gelingt in 3,9 Sekunden. Ein Siebengang-PDK ist natürlich optional erhältlich, dann sprintet der Wagen sogar in 3,4 Sekunden auf 100 km/h. Interesse? Dann bitte 152.416 Euro nach Zuffenhausen überweisen. Auch wenn das Auto eigentlich in Flacht entstanden ist …

Baujahr	2017-2018
Motor-Bauart	Sechszylinder-Boxer
Hubraum (cm^3)	3996
Leistung (PS/U/min)	500 bei 8250
Vmax in (km/h)	318
Bauart	Coupé

Baujahr	2018-2019
Motor-Bauart	Sechszylinder-Boxer
Hubraum (cm³)	3996
Leistung (PS/U/min)	520 bei 8250
Vmax in (km/h)	312
Bauart	Coupé

Porsche 911 GT3 RS (991/2)

Der 911 GT3 RS des Typs 991/2 vereint alle modernen Errungenschaften des Sportwagen- und Rennwagenbaus. Der Vierliter-Sechszylinder-Boxer stellt 520 PS bereit. Die Kraft wird über ein Siebengang-PDK an die Hinterräder weitergereicht. Der Sprint gelingt in 3,2 Sekunden, was auch am Gewicht liegt: 1430 Kilo sind möglich unter anderem dank Dünnglasscheibe im Heckfenster, die 3,7 statt 5,8 Kilogramm wiegt. Auch die hinteren Seitenscheiben sind aus „Gorilla-Glas". Eine Folie filtert 99 Prozent der UV-Strahlung. Das alles macht das Auto tatsächlich auch noch alltagstauglich. Auch wenn der Porsche-Pressetext anderes suggeriert: „Sein Design folgt einzig dem Zweck, maximale Performance zu generieren. Dabei helfen konsequenter Leichtbau und maximaler Abtrieb. Die Nähe zum Motorsport bestimmt alle fahrdyamisch relevanten Eigenschaften." Die Aerodynamik sorgt für 144 Kilo Abtrieb bei 200 km/h, die Nordschleife umrundet der Renner in 7:05 Minuten. Serienmäßig sind eine Klimaanlage, ein Navigationssystem und ein Liftsystem für die Vorderachse an Bord. Das Auto kostet 195.137 Euro – die meisten Kunden ordern ihn gleich mit Käfig, Feuerlöscher und Sechspunktgurten.

Baujahr	seit 2021
Motor-Bauart	Sechszylinder-Boxer
Hubraum (cm^3)	3996
Leistung (PS/U/min)	510 bei 8400
Vmax in (km/h)	320
Bauart	Coupé

Porsche 911 GT3 (992)

Der GT3 auf Basis des aktuellen Typs 992 ist da – natürlich auch in siebter Generation mit deutlichen Motorsportgenen entwickelt. Denn der 510 PS starke Vierliter-Sechszylinder-Boxer stammt aus dem 911 GT3 R und steckt im neuen GT3 Cup, die neue Aerodynamik mit dem auffälligen Diffusor und dem neuen Schwanenhals-Heckflügel (mit Performance-Position für mehr Anpressdruck in Kurven auf der Rennstrecke) sowie die Doppelquerlenker-Vorderachse wurden leicht bearbeitet vom 911 RSR übernommen. Das Ergebnis: Ein Spitzentempo von 320 km/h (mit PDK nur 318 km/h), was schneller ist als beim bisherigen Top-Modell 911 GT3 RS. Der 100-km/h-Sprint dauert 3,4 Sekunden. Der neue GT3 ist sogar 17 Sekunden schneller auf der Nordschleife als sein Vorgänger. Preis für diese Fahrmaschine: 167.518 Euro brutto.

Baujahr	1996-1998
Motor-Bauart	Sechszylinder-Boxer-Biturbo
Hubraum (cm³)	3163, 3200, 3220
Leistung (PS/U/min)	544 bei 7200 bis 600 bei 7200
Vmax in (km/h)	310 bis 325
Bauart	Coupé

Porsche 911 GT1

Als Fahrzeug für den Rennsporteinsatz erblickte dieser extremste 911 1996 die Welt. Mit als Mittelmotor angeordnetem wassergekühltem Sechszylinder-Biturbotriebwerk und Leistungen zwischen 544 und 600 PS hatte er mit seinem Namensgeber technisch allerdings nicht mehr viel zu tun. 1996 bis 1998 gab es vom GT1 insgesamt drei Evolutionsstufen, alle am jeweils gültigen Motorsportreglement ausgerichtet. Dementsprechend war auch die Fertigung einiger straßentauglicher Exemplare notwendig – mehr als insgesamt rund 10 Fahrzeuge aller drei Versionen dürften es aber nicht gewesen sein.

Baujahr	2003-2006
Motor-Bauart	V10
Hubraum (cm³)	5733
Leistung (PS/U/min)	612 bei 8000
Vmax in (km/h)	334
Bauart	Roadster

Porsche Carrera GT

Die Zuffenhausener Sportwagenbauer fühlten sich 2003 veranlasst, ihre ganze Technikkompetenz in einen ungemein faszinierenden, wenn auch weitgehend zweckfreien Supersportwagen einfließen zu lassen. Das Sahnestück namens Carrera GT besaß alles, was gut und teuer war: ein aus kohlefaserverstärktem Kunststoff gefertigtes Chassis, einen für den Rennsport konzipierten 5,7-Liter-V10-Motor und eine hinreißend geformte Roadster-Karosserie mit herausnehmbaren Dachteilen. Das 612 PS starke Triebwerk vermittelte im unter 1400 kg wiegenden Carrera GT reine Rennatmosphäre, vom unglaublichen Sound bis zu den atemberaubenden Fahrleistungen mit einer Höchstgeschwindigkeit jenseits von 330 km/h.

Baujahr	2005-2013
Motor-Bauart	Sechszylinder (Boxer)
Hubraum (cm³)	2687, 3387, 3436
Leistung (PS/U/min)	245 bei 6500 bis 330 bei 7400
Vmax in (km/h)	260 bis 282
Bauart	Coupé

Porsche Cayman (987c)

Seit 2005 produziert Porsche das Mittelmotor-Coupé Cayman. Es basiert auf dem Boxster, ist aber insgesamt sportlicher ausgelegt und liegt in der Modellhierarchie über ihm. Im Lauf der Jahre hat sich der Cayman mit seinem hochmodernen Konzept und in der Spitzenversion mittlerweile 330 PS zu einer kompakteren, fahraktiveren Alternative zum klassischen 911 etabliert. Mit praktischer Heckklappe und angemessenem Platzangebot weiß er überdies im Alltag zu überzeugen. Die Unterschiede in den erreichbaren Fahrleistungen zwischen Cayman und 911 sind ebenfalls kaum mehr vorhanden – ganz im Gegensatz zum Einstandspreis: ein Cayman S ist über 30.000 Euro billiger zu haben.

Porsche Cayman R (987c)

Eine scharfe Version des Cayman schickt Porsche 2011 ins Rennen. Den Cayman R nennen manche auch den „GT3 für kleines Geld". Der R leidet nicht unter dem Manko eines von Kritikern als „eingeschnürt" bezeichneten Motors wie der Cayman S aus dem Jahr 2005, der in Sachen Leistung dem 911 nicht zu nahekommen durfte. Der R bietet zehn PS mehr Leistung, ein gestrafftes Sportfahrwerk und 55 Kilo weniger Gewicht im Vergleich zur Basis. Das Fahrwerk ist feingetunt für die Piste, und der Sprint gelingt in genau fünf Sekunden. Der Cayman R gilt bei einigen Fans schnell als der ursprünglichere 911er – kostet aber knapp 16.000 Euro weniger als das Basismodell des 911. Da kann man den Aufpreis von 7300 Euro gegenüber dem Cayman S verschmerzen. Trotzdem muss man insgesamt noch 70.000 Euro auf den Zuffenhausener Tresen legen.

Baujahr	2011
Motor-Bauart	Sechszylinder-Boxer
Hubraum (cm³)	3436
Leistung (PS/U/min)	330 bei 7400
Vmax in (km/h)	282
Bauart	Coupé

Baujahr	2012-2016
Motor-Bauart	Sechszylinder-Boxer
Hubraum (cm³)	2706-3800
Leistung (PS/U/min)	275–385 bei 7400
Vmax in (km/h)	265-285
Bauart	Coupé

Porsche Cayman, Cayman S, Cayman GTS (981c)

2012 bringt Porsche die zweite Generation des Cayman, intern Typ 981c. Als Nachfolger des Cayman R gilt das Top-Modell Cayman GTS, das nun 385 PS hat und handgeschaltet 285 km/h rennt. Der Sprint ist in 4,9 Sekunden möglich, der Preis happig: 73.757 Euro. Der Einstieg gelingt mit wesentlich weniger – der einfache Cayman ist für 51.385 Euro zu haben – inklusive dem bei 120 km/h ausfahrenden Heckspoiler. Alle Modelle sind mit Doppelkupplung zu haben, was aber mehr Gewicht bringt und somit etwas schlechtere Fahrwerte.

Baujahr	2015
Motor-Bauart	Sechszylinder-Boxer
Hubraum (cm³)	3800
Leistung (PS/U/min)	385 bei 7400
Vmax in (km/h)	295
Bauart	Coupé

Porsche Cayman GT4 (981c)

In Genf steht 2015 eine neue Variante des aktuellen Cayman: der GT4. Natürlich als Top-of-The-Line-Modell mit 3,8-Liter-Sechszylinder, der aus dem 911 Carrera S stammt und hier 385 PS leistet. Das Fahrwerk ist teilweise entlehnt vom 911 GT3. Damit macht Rennsport Spaß, auch ohne Carbon, Hybrid und Elektronik. Der wunderbare Saugmotor arbeitet als Mittelmotor, eine breitere Spur vergrößert den Fahrspaß. Der GT4 liegt tiefer als die schwächeren Brüder, dadurch ist der Schwerpunkt ebenfalls abgesenkt. Mit Cup-Reifen ist der GT4 ein Traum, der sich trotz allem als recht alltagstauglich erweist. Bei so vielen Vorteilen fallen die erlebbaren 4,4 Sekunden für den Sprint gar nicht ins Gewicht. Für die Möglichkeit, in einem GT4 295 km/h fahren zu können, müssen allerdings 85.776 Euro nach Zuffenhausen überwiesen werden.

Baujahr	seit 2016
Motor-Bauart	Vierzylinder-Boxer-Turbo
Hubraum (cm³)	1988-2497
Leistung (PS/U/min)	300-365 bei 6500
Vmax in (km/h)	275-290
Bauart	Coupé

Porsche 718 Cayman, 718 Cayman S, 718 Cayman GTS (982)

Für den neuen 718 Cayman gilt das gleiche wie für den 718 Boxster: neuerdings lauern Vierzylinder-Turboboxer im Heck aller Varianten. Da muss man auf das gewohnte Boxerröcheln verzichten, aber Porsche sorgt dafür, dass der Cayman dennoch nicht klingt wie ein asthmatischer Käfer. Als Basisversion 718 Cayman ist der „kleine 911" 300 PS stark. Er wird zunächst mit Sechsgang-Handschalter ausgeliefert, ab 2018 nur mit Siebengang- PDK. Das S-Modell erhält 350 PS (unter anderem dank variabler Turboladergeometrie). Damit liefert er sehr gute Fahrleistungen. Gute Bremsen gehören traditionell bei Porsche dazu, und dann verbraucht der Vierzylinder-Turbo natürlich und zielführend weniger als der Sechszylinder-Cayman von früher. Das Top-Modell, der GTS, kommt 2017 mit 365 PS und 420 Nm. 2018 legt Porsche noch einmal zehn Newtonmeter drauf und baut das bislang optional angebotene Siebengang-PDK serienmäßig ein. Mit 290 km/h kratzt der GTS schon mächtig an 911-Gefilden.

Baujahr	1996-2004
Motor-Bauart	Sechszylinder (Boxer)
Hubraum (cm³)	2480, 2687, 3179
Leistung (PS/U/min)	204 bei 6000 bis 260 bei 6200
Vmax in (km/h)	240 bis 264
Bauart	Roadster

Porsche Boxster (986)

In der Geschichte des Hauses Porsche kommt dem Boxster ein ganz besonderer Rang zu. Nach dem Ende der letztlich kaum mehr verkäuflichen Vier- und Achtzylinder-Baureihen mit Frontmotor (944 S2, 968, 928) und der anschließenden risikoreichen 911-Monokultur kam 1996 mit dem Boxster der Befreiungsschlag aus der Firmenkrise. Ein nach historischen Vorbildern gestylter Mittelmotor-Roadster mit 2,5 Liter großem wassergekühltem Sechszylinder-Boxermotor – preislich klar unterhalb des 911 positioniert – war genau das Auto, das Porsche brauchte. Es wurde ein sofortiger Verkaufshit und überzeugte mit seinen Fähigkeiten ein weltweites Publikum. Bis heute spielt der Boxster – mannigfach modellgepflegt – erfolgreich die Rolle als Einsteigermodell in die Porsche Welt.

Porsche Boxster, Boxster S, Boxster GTS, Boxster Spyder (981)

Baujahr	2012-2016
Motor-Bauart	Sechszylinder-Boxer
Hubraum (cm³)	2706, 3436, 3800
Leistung (PS/U/min)	265 bei 6700 bis 375 bei 6700
Vmax in (km/h)	262290
Bauart	Roadster

Typ 981 nennt sich die dritte Generation des Porsche Boxster. Das günstigste Modell kostet 49.243 Euro. Der neue Boxster ist 55 Kilo leichter als der Vorgänger und verbraucht zehn Prozent weniger Kraftstoff, obwohl er stärker ist. Das liegt auch an der Start-Stopp-Automatik und der Verwendung einer elektromechanischen statt einer hydraulischen Lenkung. Das Verdeck öffnet nun drei Sekunden schneller, der Innenraum ist größer geworden, ein paar Designänderungen lassen den Boxster rassiger erscheinen. Die S-Version hat einen größeren Motor und ist glatte 50 PS stärker, was den Sprint (in 5,1 Sekunden) gegenüber dem Basismodell um 0,7 Sekunden schneller macht. Der Boxster S ist anfangs für 60.191 Euro zu haben. Hinzu kommen ab 2014 der Boxster GTS und 2015 ein neuer Boxster Spyder. Der Spyder ist das Topmodell mit 3,8 Litern und 375 PS. Bis auf den Spyder ist jedes Modell auch mit Siebengang-PDK zu haben.

Baujahr	seit 2016
Motor-Bauart	Vierzylinder-Boxer-Turbo
Hubraum (cm³)	1988, 2497
Leistung (PS/U/min)	300 bei 6500 bis 365 bei 6500
Vmax in (km/h)	275 bis 290
Bauart	Roadster

Porsche 718 Boxster, 718 Boxster S, 718 Boxster GTS (982)

Bei der vierten Generation des Boxster (Typ 982) bricht Porsche einmal mehr mit einer Tradition: Aus Umweltschutzgründen (Verbrauch, CO2-Ausstoß) bekommen die neuen Boxster keine turbolosen Sechszylinder mehr, sondern Vierzylinder-Turbos. Der Aufschrei der gusseisernen Fans ist wieder groß – dabei fährt Typ 982 kaum anders als der 981. Okay, der Klang hat sich verändert, nicht für jeden zum Guten, aber die Fahrleistungen sind eindeutig besser. Der Sprint im Basis-Boxster, der einen Zweiliter-Boxer bekommt, gelingt in 5,1 Sekunden. Mit dem Boxster S und seinem 2,5-Liter klappt das jetzt in 4,6 Sekunden. Topmodell ist ab 2016 der 718 Boxster GTS, dessen 2,5-Liter 365 PS leistet. Für 81.415 Euro erhält der Kunde zusätzlich ein adaptives Sportfahrwerk, Torque-Vectoring und Differenzialsperre an der Hinterachse, innen üppig verteiltes Alcantara. Der Sprint ist in 3,9 Sekunden absolviert, die Höchstgeschwindigkeit beträgt 290 km/h. Optional ist für alle Modelle ein Siebengang-DSG erhältlich. Weil Limousinen und SUV von Porsche klingende Namen tragen und sich die Sportwagen aus Zuffenhausen durch Nummern von ihnen unterscheiden sollen, bekommt der Boxster nun den Zusatz „718". Die Zahl soll an den Porsche 718 der 1960er Jahre erinnern.

Baujahr	2011-2013
Motor-Bauart	V8-Biturbo
Hubraum (cm³)	4806
Leistung (PS/U/min)	550 bei 6000
Vmax in (km/h)	306
Bauart	Limousine

Porsche Panamera Turbo S (970)

Neben 911, Boxster, Cayman und Cayenne legt Porsche 2009 mit dem Panamera eine vierte Modelllinie auf Kiel. Mit diesem Fahrzeug entert Porsche erstmals den Markt klassischer viertüriger Limousinen. Technisch bedient sich der Panamera vornehmlich der Komponenten des Cayenne, so zum Beispiel dessen Motorenpalette, die sich vom V6- bis zum turbogeladenen V8-Triebwerk spannt. Optisch zeigt er eine gelungene Mischung aus Gestaltungselementen des 911 und des Cayenne, die für eine hohe Familienähnlichkeit sorgt. Das Topmodell, der Turbo S, ist mit einem V8-Biturbo ausgestattet und vollendet den Sprint auf 100 km/h in nur 3,8 Sekunden.

Baujahr	2013
Motor-Bauart	V8 + zwei E-Motoren
Hubraum (cm³)	4598
Leistung (PS/U/min)	887 bei 8500
Vmax in (km/h)	345
Bauart	Coupé

Porsche 918 Spyder

„Ein Plug-In-Hybrid an der Grenze des zu dieser Zeit Machbaren", sagt Porsche über den 918 Spyder. Tatsächlich weist das elektrifizierte Supercar Bestwerte auf: Der V8 aus dem Rennsport bringt 608 PS, vorne arbeitet ein E-Motor mit 129 PS, an der Hinterachse noch einer mit 156 PS – macht zusammen überzeugende 887 PS und noch überzeugendere 1280 Newtonmeter maximales Drehmoment. Das Auto rennt der Konkurrenz mit 345 km/h davon und sprintet in nur 2,6 Sekunden auf 100 km/h. Nur 918 Exemplare werden gebaut zum Stückpreis von 768.026 Euro, womit der 918 Spyder zu diesem Zeitpunkt das teuerste Auto aus deutscher Serienproduktion ist. Dafür gibt es aber auch zwei herausnehmbare Dachhälften aus Carbon und die Möglichkeit, die Nordschleife in 6:57 Minuten zu umrunden. Jedenfalls, wenn man Walter Röhrl heißt. Der weiß auch: „Wenn die Akkus leer sind, hast Du ein Gefühl, als ob Du plötzlich stehen bleibst." Der Mann gehört allerdings zu den wenigen, die es schaffen, am Ende einer Nordschleifenrunde weniger Strom im Akku mit der größten Energiedichte im automobilen Einsatz zu haben als am Anfang. Im Race Modus bei maximaler Leistung wird überschüssige Energie direkt in den Akku gepumpt. Ein voller Akku reicht für 30 Kilometer. Nett übrigens die Optionsliste: Liquid-Metall-Lack kostet 47.600 Euro, die Lederausstattung 23.800 Euro, das Kofferset 17.731 Euro, ein in Wagenfarbe lackierter Zündschlüssel 952 Euro und die Kohlefaser-Fußmatte für den Beifahrer 1190 Euro.

Porsche Taycan, Taycan 4, Taycan 4S, Taycan Turbo, Taycan Turbo S

Der erste rein elektrisch betriebene Porsche kommt Ende 2019 auf den Markt. Arbeitsname: Misson E. Späterer Modellname: Taycan – das bedeutet „lebhaftes, junges Pferd" und bezieht sich auf das Porsche-Wappen. Aufgrund der Tatsache, dass der reine E-Antrieb für Porsche Neuland ist, hat Porsche eine dreistellige Zahl von Prototypen gebaut – die genaue Zahl ist geheim. Mit einer Spannung von 800 Volt arbeiten die Komponenten des Antriebssystems. Die Systemleistung beträgt bis zu 761 PS, die einmal geladene Energie soll für eine Reichweite von 500 Kilometern sorgen. Porsche-sportlich der Sprint: Der stärkste Taycan sprintet als Turbo S in sagenhaften 2,8 Sekunden von 0 auf 100 km/h. Technisch ist der Taycan-Antrieb hochkomplex. Damit hohe Leistungsdichte mit starker Dauerleistung und maximaler Effizienz zusammenarbeiten, hat sich Porsche für „permanenterregte Synchronmotoren" (PSM) entschieden. Ein PSM-Motor ist für die vordere Achse zuständig, einer für die hintere. Weiterer Vorteil der Bauart: Die Antriebe sind klein und leicht. In nur 15 Minuten sollen die Batterien Strom für die nächsten 400 Kilometer aufnehmen. Mehrere Beschleunigungsvorgänge direkt hintereinander sind ohne Leistungsverlust möglich. Das neue Basismodell, nur „Taycan" genannt, schiebt Porsche im Januar 2021 nach: mindestens 326 PS, 230 km/h Spitze, Sprint in 5,4 Sekunden, nur die hinteren Räder sind angetrieben. Preis: 83.520 Euro.

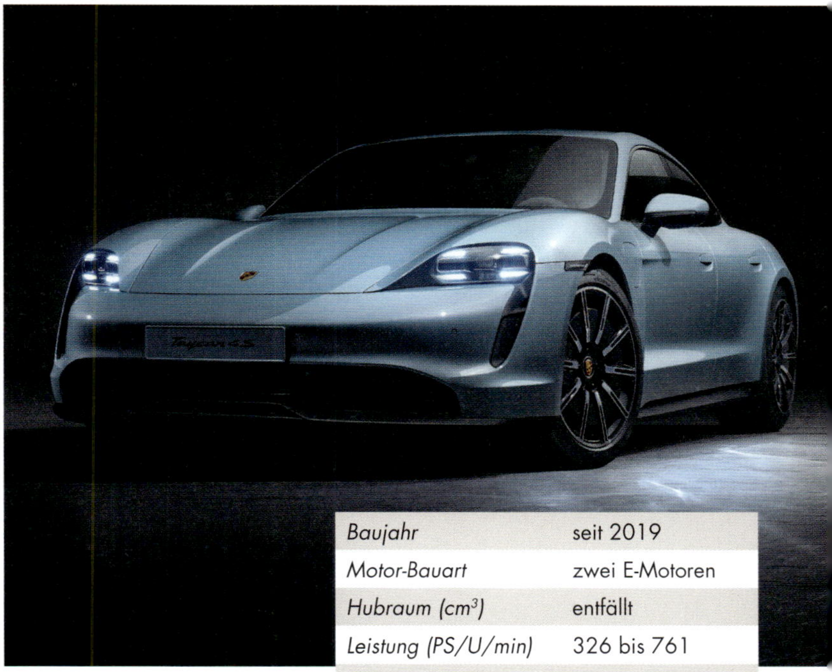

Baujahr	seit 2019
Motor-Bauart	zwei E-Motoren
Hubraum (cm³)	entfällt
Leistung (PS/U/min)	326 bis 761
Vmax in (km/h)	230 bis 260
Bauart	Limousine

Porsche Taycan 4 Cross Turismo, Taycan 4S Cross Turismo

Im Jahr 2021 bringt Porsche den vollelektrischen Sportler mit anderer Karosserie auf den Markt: Der grundsätzlich luftgefederte und allradgetriebene Cross Turismo besitzt die „Flyline", die nach hinten abfallende Dachlinie. Vier Derivate sind im Angebot: der Taycan 4 Cross Turismo mit 380 PS (Overboost: 476 PS), der in 5,1 Sekunden beschleunigt und 220 km/h rennen kann; der 4S mit 490 PS (Overboost 571 PS), 0-100 km/h in 4,1 Sekunden, Top-Speed 240 km/h; der Turbo mit 625 PS (Oberboost 680 PS), Sprint in 3,3 Sekunden, Top-Speed 250 km/h und der Turbo S mit ebenfalls 625 PS (Overboost 761 PS), Sprint in 2,9 Sekunden, Top-Speed auch 250 km/h. Alle Varianten besitzen die große Batterie, keiner soll eine Reichweite geringer als 388 Kilometer nach WLTP anbieten. Zu haben ist ein Offroad-Paket mit 30 Millimeter mehr Bodenfreiheit. Preis für die einfachste Cross-Tursimo-Variante: 93.635 Euro.

Baujahr	seit 2021
Motor-Bauart	zwei E-Motoren
Hubraum (cm³)	entfällt
Leistung (PS/U/min)	380, 490, 625
Vmax in (km/h)	220, 240, 250
Bauart	Limousine

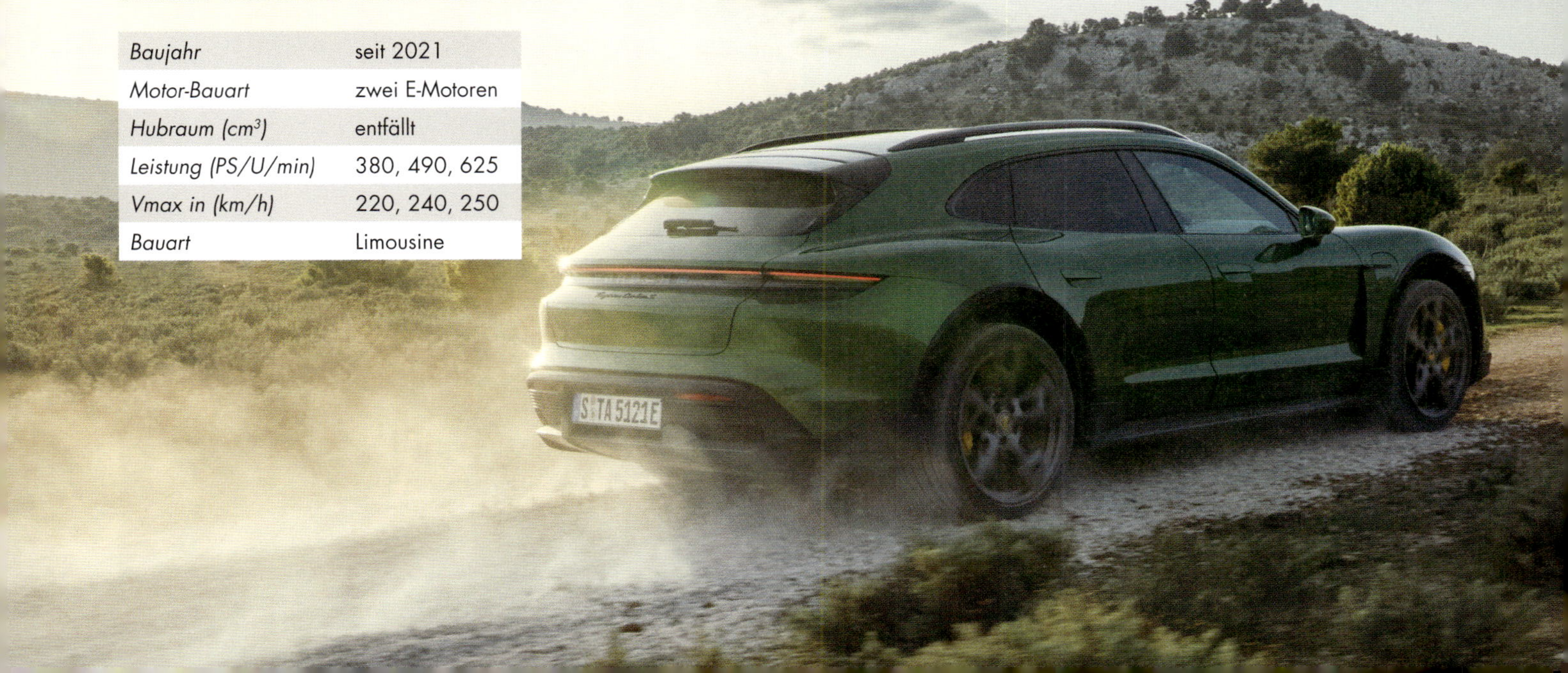

Roding Roadster R1

Nordwestlich von Regensburg, nahe der tschechischen Grenze, gibt es eine kleine bayerische 12.000-Einwohner-Stadt namens Roding. Hier entstand 2008 die gleichnamige Firma. Die entwickelte den Roadster R1, einen zweisitzigen Mittelmotorsportwagen mit Carbonchassis und Monocoque. Angetrieben wird die sportlich Fuhre von einem BMW-Reihensechszylinder-Turbomotor. Der erzeugt 320 PS und besitzt ein Drehmoment von 450 Newtonmetern. Das harmoniert wunderbar mit dem Fahrzeuggewicht von nur 950 Kilo und soll für eine Kurvenbeschleunigung von 1,4 g sorgen. Der Pilot sitzt weit hinten und genießt die Fahrt dank Einzelradaufhängung an doppelten Dreieckslenkern, die einstellbar sind. Dank der Dachplatte kann er je nach Wetter wählen, ob er im Coupé oder im Roadster fährt. Der Sprint soll in 3,9 Sekunden gelingen, die Höchstgeschwindigkeit beträgt 285 km/h. Der Roadster ist seit 2012 zu kaufen – darunter 23 Stück einer Sonderserie mit Sichtcarbon-Karosserie. Auch ein Roadster Electric existiert.

Baujahr	seit 2012
Motor-Bauart	Sechszylinder-Turbo (Reihe)
Hubraum (cm³)	2979
Leistung (PS/U/min)	320 bei 5800-6000
Vmax in (km/h)	285
Bauart	Roadster

Ruf CTR „Yellowbird"

Porsche-Tuner Alois Ruf bekam 1981 vom Kraftfahrtbundesamt das Zertifikat als Autohersteller, seitdem baut die Firma Ruf Supersportler auf Porsche-Basis. Sein Image als Perfektionist manifestierte Ruf unter anderem mit dem Ruf CTR (Gruppe C Twin-Turbo Ruf), der auch den Beinamen „Yellowbird" erhielt. 29 Stück baute die Firma aus dem Unterallgäu mit eigener Fahrgestellnummer, und zu seiner Zeit galt das Auto als schnellstes Serienauto der Welt. Der Sechszylinder-Boxer leistete mit zwei Turboladern bestückt 469 PS, was gemessene 342 km/h Spitze ermöglichte. Der Sprint von 0 auf 100 km/h gelang in höchstens 4,2 Sekunden.

Baujahr	1987-1991
Motor-Bauart	Sechszylinder-Boxer-Biturbo
Hubraum (cm³)	3367
Leistung (PS/U/min)	469 bei 5950
Vmax in (km/h)	342
Bauart	Coupé

eRuf Greenster

Eigentlich war ein Elektro-911 von Hersteller Ruf 2008 nur als Messe-Gag gedacht, doch dann sollte es doch mehr werden – zumindest war eine Kleinserie von 50 Exemplaren als Targa und Coupé angedacht. Die Eckdaten des Prototypen präsentierten sich durchaus sportlich: Targa-Karosserie, Zentral-Elektromotor mit 367 PS und 950 Nm, 1695 Kilo Gewicht, 250 km/h Spitze, der Sprint in fünf Sekunden, 950 Newtonmeter maximales Drehmoment, Starkstromschnellladung innerhalb einer Stunde, Reichweite mit kleiner Batterie 250 Kilometer. Angepeilter Preis: etwa 180.000 Euro netto. Aus der Serie wurde dann aber leider doch nichts.

Baujahr	2010
Motor-Bauart	Elektromotor
Hubraum (cm³)	entfällt
Leistung (PS/U/min)	367
Vmax in (km/h)	250
Bauart	Targa

Ruf CTR 2017

Der CTR 2017 von Ruf ist eine Hommage an seinen eigenen ersten großen Erfolg, den Ruf CTR von 1987. Die Leistung ist inzwischen auf enorme 710 PS und 880 Nm gestiegen, aber noch bemerkenswerter ist, dass Ruf ein Auto zum ersten Mal komplett selbst entwickelt hat, auch wenn es dem Porsche 911 Typ 964 sehr ähnlich sieht. Basis ist ein Monocoque aus kohlefaserverstärktem Kunststoff samt Stahl- und Alurahmen. Der Sportler wiegt mit Siebengang-Handschalter nur 1200 Kilo, rennt 360 km/h, sprintet in knapp 3,5 Sekunden von 0 auf 100 km/h und ist auf 50 Stück limitiert. Preis pro Fahrzeug: knapp 900.000 Euro.

Baujahr	seit 2019
Motor-Bauart	Sechszylinder-Boxer-Biturbo
Hubraum (cm³)	3600
Leistung (PS/U/min)	710 bei 6750
Vmax in (km/h)	360
Bauart	Coupé

Baujahr	seit 2020
Motor-Bauart	Sechszylinder-Boxer
Hubraum (cm³)	3996
Leistung (PS/U/min)	510 bei 8250
Vmax in (km/h)	320
Bauart	Coupé

Ruf SCR

Der Ruf SCR basiert wie der CTR auf dem Ruf Carbon Monocoque, im Heck steckt allerdings ein Vierliter-Hochdrehzahl-Saugmotor und kein Turboaggregat. Seine 510 PS und 470 Nm haben keine Probleme mit einem Auto, das nur 1250 Kilo wiegt. Der Fahrer freut sich über das Sechsgang-Handschaltgetriebe. Ruf selbst sagt: „Mit dem SCR entstand ein State-of-the-art-Sportwagen für erfahrene Kenner und Sportfahrer, die das Furioso einer Saugmotor-Symphonie zu genießen verstehen." Dazu passt übrigens Rufs lokale Festnetz-Telefonnummer in Pfaffenhausen: 911911.

Smart roadster, smart roadster coupé

Baujahr	2003-2005
Motor-Bauart	Dreizylinder-Turbo
Hubraum (cm³)	698
Leistung (PS/U/min)	61 bei 5250 bis 82 bei 5250
Vmax in (km/h)	160, 180
Bauart	Roadster, Coupé

2003 kamen zwei neue Spielarten des smart auf den Markt: der smart roadster und das smart roadster coupé (das Marketing bestand auf Kleinschreibung). Puristischer ging es kaum, kleiner auch nicht. Beide hinterradgetriebenen Modellvarianten waren bis auf den Kofferraum identisch. Der Roadster besaß ein Stufenheck, das Coupé führte eine Glaskuppel mit sich, darunter befand sich etwas Stauraum. Als Dach waren Hardtop oder Softtop zu haben. Das Hardtop bestand aus zwei festen Hälften, die im Kofferraum verstaut werden konnten. Das elektrische Stoffverdeck faltete sich unter dem Bügel der Tridion-Sicherheitszelle zusammen. Zusätzlich konnte man die seitlichen Dachholme ausbauen. Als Motoren standen eine 61- und eine 82-PS-Variante zur Verfügung. Die Kraft entwickelte jeweils ein 698-ccm-Dreizylindermotor.
Ganz ohne Anstrengung war das Fahrvergnügen nicht zu haben: Wer sich in das roadster coupé zwängen wollte, musste über eine sehr ausgeprägte Gelenkigkeit verfügen – oder verdammt jung sein. Ende 2005 wurde die Produktion der beiden Autos eingestellt, nach rund 43.000 Exemplaren.

Baujahr	1969-1974
Motor-Bauart	Vierzylinder (Reihe)
Hubraum (cm³)	1177
Leistung (PS/U/min)	65 bei 5500
Vmax in (km/h)	180
Bauart	Coupé

Thurner RS

Dem Enthusiasmus des unermüdlichen Gerhard Thurner ist die Existenz eines der wenigen ernstzunehmenden deutschen Kleinstserien-Sportwagen zu verdanken: des Thurner RS. Die ebenmäßige Kunststoffkarosserie verfügte über die so prestigeträchtigen Flügeltüren, einen einfachen, aber sorgfältig gestalteten Innenraum sowie NSU-TT-Mechanik im Heck. Dies alles addierte sich bei nur 640 Kilo Gewicht zu beachtlichem Fahrspaß, wenn sich auch mancher Kunde ein paar PS mehr gewünscht hätte. Insgesamt 121 Exemplare des Thurner RS wurden gefertigt. Die bis heute übrig gebliebenen Fahrzeuge befinden sich in festen Sammlerhänden.

Baujahr	1983
Motor-Bauart	Fünfzylinder-Turbo (Reihe)
Hubraum (cm³)	2144
Leistung (PS/U/min)	200 bei 5800
Vmax in (km/h)	230
Bauart	Coupé/Cabrio

Treser quattro roadster

Ab 1982 fertigte Walter Treser, ehemals Leiter von Audi Sport und verantwortlich für die Werks- Rallyeeinsätze der Ingolstädter, in Eigenregie individualisierte Versionen vor allem von Audi-Fahrzeugen. Erster Höhepunkt seines Schaffens war ein Quattro-Coupé mit elektrisch versenkbarem Hardtop, das – leider einige Jahre vor der Zeit – die Gattung moderner Klapphardtop-Automobile begründete. Trotz großen Medienechos wurden von dem auf der IAA in Frankfurt 1983 erstmals der Öffentlichkeit gezeigten quattro roadster nur ganz wenige Fahrzeuge gebaut – unter dem Markennamen Treser.

Baujahr	1987-1989
Motor-Bauart	Vierzylinder (Reihe)
Hubraum (cm³)	1781
Leistung (PS/U/min)	129 bei 5800
Vmax in (km/h)	210
Bauart	Coupé/Cabrio

Treser TR1

Mit der kompletten Eigenentwicklung TR1 trieb Walter Treser 1987 das Thema versenkbares Hardtopdach auf die Spitze. Der Mittelmotor-Roadster war mit Hilfe von VW-Golf-Komponenten (Vorderachse, 1,8-Liter-16V-Motor) aufgebaut worden und verfügte über eine aufwendige Chassisgestaltung aus Aluprofilen, auf die sämtliche Karosserieteile aufgeklebt wurden. Großes hatte Treser mit dem TR1 vor: Sogar eine Rennserie war in Planung. Von den 400 vorbestellten Exemplaren kamen letztlich aber nur 27 an die Kunden. Dann ging Treser die finanzielle Luft aus.

Veritas RS III

Nur auf Bestellung und auf 30 Exemplare limitiert wird dieser Supersportwagen seit 2009 am Nürburgring in Handarbeit gefertigt. Unter dem wieder erweckten legendären Markennamen Veritas zeigt der Rennsport-Roadster hochentwickelte Technik: Ein Gitterrohrrahmen mit Kohlefaserkarosserie, ein V10-Zylinder von BMW samt 7-Gang-Direktschaltgetriebe und nur knapp 1100 kg Gewicht resultieren in Fahrleistungen der absoluten Spitzenklasse. Auch die spektakuläre Optik des RS III lässt keine Fragen offen – die Philosophie der klassischen Veritas-Fahrzeuge erscheint hier perfekt in die Gegenwart übertragen worden zu sein. Leider ist das Projekt nicht profitabel und die VerMot AG, die den Renner herstellt, wird 2018 aufgelöst.

Baujahr	2009-2018
Motor-Bauart	V10
Hubraum (cm³)	4999
Leistung (PS/U/min)	507 bei 7750
Vmax in (km/h)	347
Bauart	Roadster

VW Scirocco (I)

VWs sportlicher 2+2-Sitzer trug seinen Teil dazu bei, die Strukturkrise zu überwinden, die Anfang der 70er Jahre durch die Käfer-Monokultur in Wolfsburg tobte. Aber nicht nur das – er setzte auch die bieder konstruierten Konkurrenten von Opel und Ford unter enormen Wettbewerbsdruck. Kein Wunder, denn die technische Basis des Golf etablierte den Scirocco unter den weltweit modernsten Großserien-Coupés. Dass dessen Fahrleistungen sehr wohl das Prädikat sportlich verdienten war auch hier dem sensationellen 1,6-Liter-Einspritzaggregat zu verdanken, das für eine Spitze von rund 190 km/h sorgte.

Baujahr	1974-1981
Motor-Bauart	Vierzylinder (Reihe)
Hubraum (cm³)	1093 bis 1588
Leistung (PS/U/min)	50 bei 6000 bis 110 bei 6100
Vmax in (km/h)	145 bis 190
Bauart	Coupé

Baujahr	1982-1992
Motor-Bauart	Vierzylinder (Reihe)
Hubraum (cm³)	1272 bis 1761
Leistung (PS/U/min)	60 bei 5600 bis 139 bei 6100
Vmax in (km/h)	160 bis 205
Bauart	Coupé

VW Scirocco (II)

Volkswagen hatte mit dem 1974 erschienenen Scirocco I großen Erfolg gehabt. Die nächste Modellgeneration, der 1991 eingeführte Scirocco II, sollte daran anknüpfen. Die Forderungen an das neue Modell waren klar: Es sollte mehr Platz für Insassen und Gepäck bieten und dank strömungsoptimierter Karosserie günstiger im Verbrauch sein. Beide Vorgaben wurden vom Scirocco II erfüllt, obwohl die meisten Technikkomponenten von seinem Vorgängermodell stammten. Eine bemerkenswerte Neuheit war 1985 der eigene 16-Ventil-Motor mit zunächst 139 und später 129 abgasgereinigten PS, der glänzende Fahrleistungen ermöglichte. Zahlreiche Modellpflegemaßnahmen und Sondermodell-Editionen hielten das Kundeninteresse bis zum Produktionsende im Herbst 1992 wach.

VW Scirocco (III)

Ab Sommer 2008 befindet sich der Klassiker VW Scirocco wieder in der Modellpalette der Wolfsburger. Basierend auf dem Golf V ist der 2+2-sitzige Familiensportwagen ausschließlich mit Vierzylinder-Turbomotoren im Leistungsspektrum zwischen 122 und 265 PS erhältlich. Alle Tugenden der Golf-Baureihe sind natürlich auch dem Scirocco zu Eigen, abgesehen vom Platzangebot. Zudem wird er von Volkswagen Motorsport unter der Bezeichnung Scirocco GT24 sporadisch bei Langstreckenrennen eingesetzt, wobei gerne auch experimentelle Technologien (z.B. Erdgasantrieb) genutzt und erprobt werden.

Baujahr	2008-2017
Motor-Bauart	Vierzylinder (Reihe)
Hubraum (cm³)	1390 bis 1984
Leistung (PS/U/min)	122 bei 5000 bis 265 bei 6000
Vmax in (km/h)	200 bis 250
Bauart	Coupé

Baujahr	1989-1991
Motor-Bauart	Vierzylinder (Reihe)
Hubraum (cm³)	1763
Leistung (PS/U/min)	160 bei 5600
Vmax in (km/h)	210
Bauart	Limousine

VW Rallye Golf (II)

Der Golf bekam Ende der achtziger Jahre ernsthafte motorsportliche Ambitionen. Mit einem von 1989 bis 1991 in nur 5000 Exemplaren gebauten Sondermodell namens Rallye Golf sollte sportlicher Lorbeer vor allem auf Rallyepfaden errungen werden. Die technischen Voraussetzungen dafür waren zweifellos gegeben. Der Rallye Golf verfügte über den 160 PS starken aufgeladenen G60-Motor des Corrado, permanenten Allradantrieb und bauchige Kotflügelverbreiterungen für die Verwendung breiter Räder. Schlagzeilenträchtige Erfolge im großen Rallyesport blieben jedoch Mangelware. Viele Rallye Golf landeten aber in den Händen von Automobilliebhabern, die sie bis heute hegen und pflegen.

Baujahr	1990-1991
Motor-Bauart	Vierzylinder-G-Lader (Reihe)
Hubraum (cm³)	1781
Leistung (PS/U/min)	160 bei 5800
Vmax in (km/h)	210
Bauart	Limousine

VW Golf GTI G60 (II)

Im Jahr 1990 weitete Volkswagen das Angebot von G-Lader-Motoren auch auf den klassischen GTI aus. Als Spitzenmotorisierung kam hier der G60 mit 1,8 Litern Hubraum und 160 PS zum Einsatz – ein Leistungszuwachs gegenüber dem normalen GTI 16V von 31 PS. Noch besser konnte es der ein Jahr zuvor in nur 71 limitierten Exemplaren hergestellte G60 Limited, der 210 PS bereitstellte und mit absoluter Komplettausstattung aufwartete. 1991 endete dann der Wolfsburger Flirt mit dem G-Lader.

Baujahr	1991-1997
Motor-Bauart	VR6
Hubraum (cm³)	2792, 2861
Leistung (PS/U/min)	174 bei 5800 bis 190 bei 5800
Vmax in (km/h)	220
Bauart	Limousine

VW Golf VR6 (III)

Einen eher unerwarteten Schritt taten 1992 die VW-Ingenieure: Sie verpflanzten einen Sechszylindermotor in den kompakten Multimillionenseller Golf, der seit 1991 in der dritten Modellgeneration angelangt war. Bei dem 2,8 und später 2,9 Liter großen V-Motor handelte es sich um eine ungewöhnliche Konstruktion mit extrem engem Zylinderwinkel und einem gemeinsamen Zylinderkopf für beide Zylinderbänke. Das sparte eine Menge Einbauraum. Der zunächst auf den Markt gekommene 2,8-Liter-VR6 leistete 174 PS und war nur mit Fronantrieb erhältlich. Die 1994 hinzukommende 2,9-Liter-Version brachte 190 PS und war ausschließlich mit Allradantrieb verfügbar.

VW Golf V6 4MOTION (IV)

Nach Ankunft der vierten Generation des Golf im Jahr 1997 dauerte es noch zwei Jahre, bis wieder eine Sechszylinderversion angeboten wurde. Man beschränkte sich zunächst auf die 2,8-Liter-Variante, die jedoch nun mit einem Vierventilzylinderkopf ausgestattet war. Neben günstigerem Abgasverhalten ergab sich auch eine Leistungssteigerung auf 204 PS, die den Golf zu einem äußerst souveränen Langstreckenfahrzeug machten. Aus Marketinggründen hatten sich die Wolfsburger übrigens dazu entschlossen, von der vormaligen Bezeichnung VR6 abzugehen und den topmotorisierten Golf nun schlicht V6 zu nennen.

Baujahr	1999-2003
Motor-Bauart	V6
Hubraum (cm³)	2792
Leistung (PS/U/min)	204 bei 6000
Vmax in (km/h)	230
Bauart	Limousine

Baujahr	2002-2003
Motor-Bauart	VR6
Hubraum (cm³)	3189
Leistung (PS/U/min)	241 bei 6250
Vmax in (km/h)	240
Bauart	Limousine

VW Golf R32 (IV)

2002 toppt Volkswagen das bisherige sportliche Spitzenmodell GTI mit einem R32 genannten Sechszylinderrenner mit serienmäßigem Allradantrieb 4MOTION. Der bekannte V6 war auf 3,2 Liter vergrößert worden und stellte nun satte 241 PS bereit. Ursprünglich war geplant, diese spezielle Version auf nur 5000 Exemplare zu limitieren, aber der spontane Erfolg des besonders sportlich aufgemachten Super-Golf führte am Ende zur regulären Weiterführung der Produktion. Innovations-Highlight war das auf Wunsch erstmals lieferbare Sechsgang-Doppelkupplungsgetriebe, das auf mechanischem Weg ein kupplungsfreies Schalten ohne Zugkraftunterbrechung ermöglichte.

Baujahr	2005-2008
Motor-Bauart	VR6
Hubraum (cm³)	3189
Leistung (PS/U/min)	250 bei 6300
Vmax in (km/h)	240
Bauart	Limousine, Limousine

VW Golf R32 (V)

Der Erfolg der Erstausgabe des R32 veranlasste Volkswagen dazu, diese Modellvariante auch in der fünften Golf-Generation anzubieten. Ab 2005 stand der neue R32 mit auf 250 PS gestiegener Leistung und wiederum Allradantrieb in den Verkaufsräumen. Mit einem durch die hochspezifizierte Technik und Vollausstattung bedingten Fahrzeuggewicht von fast 1600 kg war diese Leistungsspritze auch notwendig um weiterhin die Fahrwerte ernstzunehmender Sportwagen zu erreichen. Nach wie vor war der R32 gegen Aufpreis mit dem exzellenten DSG-Getriebe zu bekommen.

Baujahr	2009-2012
Motor-Bauart	Vierzylinder-Turbo (Reihe)
Hubraum (cm³)	1984
Leistung (PS/U/min)	211 bei 5300-6200
Vmax in (km/h)	240
Bauart	Limousine

VW Golf GTI (VI)

Dank neuer Elektronik gelang es VW, die sechste Generation ihres Powergolfs noch schneller, aber auch noch komfortabler zu machen. Schon bei 1700 Umdrehungen stand das volle Drehmoment von 280 Nm zur Verfügung. Sportfans freuten sich über ein unten abgeflachtes Lenkrad, Edelstahl-Pedale, gut geformte Recaro-Sitze und einen Tacho, der bis 280 km/h reichte. Das alles gab es für knapp 27.000 Euro – kein Schnäppchen, aber ein Golf GTI war noch nie ein Auto für Sparfüchse.

VW Golf R (VI)

Baujahr	2009-2012
Motor-Bauart	Vierzylinder (Reihe)
Hubraum (cm³)	1984
Leistung (PS/U/min)	270 bei 6000
Vmax in (km/h)	250
Bauart	Limousine

Mit der sechsten Generation des Golf ordnete Volkswagen die Palette der sportlichen Spitzenmodelle neu. Der Sechszylindermotor wurde nicht zuletzt wegen seines Verbrauchsnachteils und des auf der Vorderachse lastenden Zusatzgewichts in Rente geschickt. Basismotor war nun jeweils der Zweiliter-Vierzylinder mit Turbolader, der in drei Leistungsstufen angeboten wurde. Im Topmodell, das nur noch R hieß, kam dieses Triebwerk auf 270 PS. Es machte diesen Golf merklich agiler und noch etwas schneller als seinen sechszylindrigen Vorgänger.

VW Golf GTI VI Edition 35 (VI)

35 Jahre GTI war für VW 2011 ein willkommener Anlass, eine Sonderedition des GTI der sechsten Golf-Generation anzubieten. Größter Unterschied zum normalen Golf: der Motor. Unter der Haube sitzt nicht der aktuelle Vierzylinder-Turbo, sondern der des GTI-Vorgängers, aber auf satte 235 PS gestärkt. Außen unterschied sich der 35er durch geänderte Stoßfänger und „35"-Embleme, auch innen gab es Detailänderungen. Sonst blieb alles wie im normalen GTI mit Sechsgangschaltgetriebe und Frontantrieb.

Baujahr	2011-2012
Motor-Bauart	Vierzylinder-Turbo (Reihe)
Hubraum (cm³)	1984
Leistung (PS/U/min)	235 bei 5500-6300
Vmax in (km/h)	247
Bauart	Limousine

VW Golf R (VII)

Baujahr	2013-2020
Motor-Bauart	Vierzylinder-Turbo (Reihe)
Hubraum (cm³)	1984
Leistung (PS/U/min)	300 bei 6200 bis 310 bei 6500
Vmax in (km/h)	250 bis 263
Bauart	Limousine, Kombi

Klar, man könnte den VW Golf R zum normalen Golf VII packen, aber das würde ihm nicht gerecht werden. Der Golf R kam mit gewaltigen 300, später 310 PS, was den Sprint in 4,6 Sekunden gelingen ließ. Allradantrieb und eine elektronische Differenzialsperre halfen beim schnellen Quertreiben um die Ecken der Republik. Bis auf echten Sound aus den vier Endrohren trug der Golf R ein erstaunliches Understatement in die Welt. Nur für den Hinterkopf: Die Schweizer hatten es mal wieder besonders gut. Denn ab September 2016 konnten sie einen Golf R360S ordern. Der war nicht nur satte 360 PS stark, sondern besaß 17-Zoll-Winterkompletträder „Dijon", ein „R360S" Zeichen am Heck und eine Folierung im Carbonlook. Hinzu kam ein sportlicher „Volkswagen-R-Chronograph". Zusätzlich zur Exklusivausstattung umfasste die Serienausstattung unter anderem das Navigationssystem „Discover Pro", die Rückfahrkamera, das proaktive Insassenschutzsystem, die adaptive Fahrwerksregelung DCC sowie den elektrisch verstellbaren Fahrersitz. Alles nur für die Schweiz …

VW Golf GTI, GTI Performance (VII)

Wenn VW eine Modellvariante besonders pflegt, dann ist das der GTI. Natürlich gab es auch von der siebten Golf-Generation die Powerversion, zunächst mit 250 PS und 350 Newtonmeter maximalem Drehmoment. 2017 spendierten die Wolfsburger zehn PS mehr – so viel besaß anfangs auch der GTI Performance. Der bekam allerdings in jenem Jahr 15 PS mehr, was summa summarum 245 PS ausmachte. Die Kraft leitete ein Sechsgang-Handschaltgetriebe auf die Vorderräder, der Sprint gelang in 6,5 bis 6,2 Sekunden. Ab Sommer 2018 konnte man keinen GTI mehr kaufen – nur noch die GTI Performance-Version.

Baujahr	2013-2019
Motor-Bauart	Vierzylinder-Turbo (Reihe)
Hubraum (cm³)	1984
Leistung (PS/U/min)	220 bei 6200 bis 245 bei 6200
Vmax in (km/h)	244 bis 250
Bauart	Limousine

VW Golf GTI Clubsport, Clubsport S (VII)

VW walzte ab Anfang 2016 das GTI-Thema noch ein bisschen weiter aus und brachte die „Clubsport"-Variante auf den Markt. Die überzeugte mit 265 PS. Wem das nicht reichte, konnte ab Herbst desselben Jahres auf das „Clubsport S"-Modell zurückgreifen. Hier sorgte ein überarbeiteter Motor aus dem Basis-GTI mit 310 PS für den Vortrieb. Der „S" war mit 1360 Kilo etwas leichter als der normale „Clubsport" und sprintete in etwas mehr als sechs Sekunden von 0 auf 100 km/h. Pech für zögerliche Power-Freaks: Das Modell war auf 400 Stück limitiert.

Baujahr	2016-2017
Motor-Bauart	Vierzylinder-Turbo (Reihe)
Hubraum (cm³)	1984
Leistung (PS/U/min)	265 bei 6600 bis 310 bei 6500
Vmax in (km/h)	250, 265
Bauart	Limousine

VW Golf GTI TCR (VII)

Im Januar 2019 überraschte VW die GTI-Fans mit der Variante TCR, die nur knapp ein Jahr lang angeboten wurde. Unter anderem wegen des Siebengang-Doppelkupplunggetriebes 1430 Kilo schwer, konnte er mit entdrosselndem Performance-Paket 264 km/h rennen. Der Namenszusatz verwies auf die Touring Car Racing-Rennserie: Bei den international und national ausgetragenen Meisterschaften unterstützte VW seine Kundenteams mit 350 PS starken GTI. Für knapp 39.000 Euro gab es ein ziviles Straßensportgerät, das für den Sprint von 0 auf 100 km/h nur 0,4 Sekunden länger benötigte als der Rennwagen ...

Baujahr	2019
Motor-Bauart	Vierzylinder-Turbo (Reihe)
Hubraum (cm³)	1984
Leistung (PS/U/min)	290 bei 6800
Vmax in (km/h)	250, 264
Bauart	Limousine

Baujahr	seit 2020
Motor-Bauart	Vierzylinder-Turbo (Reihe)
Hubraum (cm³)	1984
Leistung (PS/U/min)	245 bei 6000
Vmax in (km/h)	250
Bauart	Limousine

VW Golf GTI (VIII)

Auch der neueste Golf GTI bleibt der GTI-Philosophie treu: genug Power in einem alltagstauglichen Fünfsitzer. Tatsächlich ändert sich nicht so viel im Vergleich zum Vorgänger. Der Radstand blieb gleich, die Außenmaße haben sich auch kaum geändert. Der zwangsbeatmete Zweiliter-Vierzylinder leistet nun 245 PS. Neu ist der Fahrdynamik-Manager: Der verwaltet jeden Stoßdämpfer und Bremssattel einzeln. Das soll den GTI schneller durch Kurven führen und mögliches Untersteuern unterbinden. Zuerst gab es das rund 38.000 Euro teure Auto ausschließlich mit Siebengang-Doppelkupplung, später auch mit klassischer Handschaltung.

VW Golf GTI Clubsport (VIII)

Mit 41.265 Euro zahlt der GTI-Fan beim jüngsten „Clubsport"-Modell genau 4710 Euro mehr als für den Basis-GTI. Hauptbestandteile des wenig bescheidenen Aufpreises waren 55 PS mehr Leistung und der „Nürburgring"-Modus. Tatsächlich kommt die Limousine mit 300 PS daher, die jederzeit gut zu kontrollieren sind. Der „Nürburgring"-Fahrmodus ist gedacht für alle, die gerne mal auf der Nordschleife Gas geben wollen und die perfekte Abstimmung dafür der Elektronik überlassen. Tatsächlich macht er das Auto etwas weicher – weil ein knallhartes Fahrwerk in der Grünen Hölle Zeit kostet.

Baujahr	seit 2020
Motor-Bauart	Vierzylinder-Turbo (Reihe)
Hubraum (cm³)	1984
Leistung (PS/U/min)	300 bei 5300
Vmax in (km/h)	250
Bauart	Limousine

WOB GO 366

WOB CS 345

VW Polo G40

1985 kam der Power-Polo erstmals auf den Markt und sorgte für einiges Aufsehen: 115 PS aus einem aufgeladenen 1,3-Liter-Motor in der kompakten Hülle des Polo Coupés waren seinerzeit eine klare Ansage. Kernelement der Leistungssteigerung war der innovative G-Lader mit Kompressor ähnlicher Funktionsweise. Der sorgte für eine Menge Prestige aber auch einige Probleme beim Thema Haltbarkeit. Sportwagenmäßige Fahrleistungen – zumindest nach dem Maßstab der Mittachtziger – sicherte er dem Champion der Kompaktklasse jedoch allemal.

Baujahr	1990-1994
Motor-Bauart	Vierzylinder-G-Lader (Reihe)
Hubraum (cm³)	1272
Leistung (PS/U/min)	115 bei 6000
Vmax in (km/h)	195
Bauart	Coupé

VW Polo R WRC Street

Getunte VW Polo gibt es viele – aber auch das Werk hat sich nicht lumpen lassen und 2013 richtig tief in die Motorkiste gegriffen: Der VW Polo R WRC Street kam mit sage und schreibe 220 PS. Auch hier wurden nur schnellentschlossene Kunden belohnt, denn bei nur 2500 angebotenen Exemplaren drängte die Zeit für die Unterschrift unter den Kaufvertrag. Anlass für das Sondermodell war die sehr erfolgreiche Rückkehr der Wolfsburger in die Rallye-Weltmeisterschaft mit einem aufgerüsteten Polo: Ausnahemfahrer Ogier mit seinem Co Ingrassa sicherte VW sowohl Fahrer- als auch Konstrukteurstitel. Der Polo sollte die WM auch in den drei folgenden Jahren bestimmen. Unter der Haube der Straßenversion arbeitete der Zweiliter-Vierzylinder-Turbo mit dem internen Kürzel EA113, der 350 Newtonmeter zur Verfügung stellte. Grundsätzlich war das Modell mit einem Sechsgang-Handschaltgetriebe bestückt, außen trug es immer weißen Lack. Neue Schürzen, Diffusor, Dachspoiler, 18-Zöller und eine blau-graue Folierung komplettierten die heiße Kiste. Preis für den Power-Polo: 33.900 Euro.

Baujahr	2013-2014
Motor-Bauart	Vierzylinder-Turbo (Reihe)
Hubraum (cm³)	1984
Leistung (PS/U/min)	220 bei 4500-6300
Vmax in (km/h)	243
Bauart	Limousine

Baujahr	1988-1995
Motor-Bauart	Vierzylinder (Reihe), Vierzylinder-G-Lader (Reihe), VR6
Hubraum (cm³)	1781 bis 2861
Leistung (PS/U/min)	139 bei 6300 bis 190 bei 5800
Vmax in (km/h)	205 bis 235
Bauart	Coupé

VW Corrado

Eigentlich als Nachfolger für den Scirocco II gedacht, fand der 1988 präsentierte Corrado in der VW Typenhierarchie seinen Platz oberhalb des traditionellen Sportcoupés. In seiner äußeren Erscheinung war er mit seiner knappen, kompakt gezeichneten Karosserie sehr viel näher am Ur-Scirocco. Ebenso bot er weniger Platz als der Scirocco II – dafür aber eine wesentlich interessantere Motorenpalette, die ihn in jedem Fall zu guten bis ausgezeichneten Fahrleistungen beflügelte. Der „Edel-Scirocco" war auf dem deutschen Markt mit der 2-Liter-16V-Maschine, dem aufgeladenen 1,8-Liter-G60-Motor mit 160 PS und als Krönung dem auf 190 PS leistungsgesteigerten VR6-Triebwerk mit 2,9 Litern Hubraum zu haben. Mit letzterer Ausstattung stieß er in Fahrleistungsbereiche eines Porsche 944 S2 vor. Heute ist der Corrado unter eingefleischten VW-Fans eine echte Ikone der Marke.

VW Arteon R

Zum Facelift des CC- und Phaeton-Nachfolgers Arteon bringt VW auch gleich eine Sportversion: den Arteon R mit 320 PS. Preis: Knapp 62.000 Euro für die Limousine, der Shooting Brake kostet gut 62.000 Euro. Optisch spendiert VW vorne eine eigenständige Schürze mit großen Lufteinlässen. Chrom gibt es kaum, dafür schwarz lackierte Zierteile. Der Sport-Arteon erhält zudem ein durchgängiges Leuchtenband an der Front. Das Allrad-Auto fährt auf 20-Zöllern, dahinter arbeitet eine Sportbremse. Was unter der Haube steckt, verrät die zweiflutige Auspuffanlage mit vier echten Endrohren. Sie sind erstmals bei VW trapezförmig designt.

Baujahr	seit 2020
Motor-Bauart	Vierzylinder-Turbo (Reihe)
Hubraum (cm³)	1984
Leistung (PS/U/min)	320 bei 6500
Vmax in (km/h)	250
Bauart	Limousine, Shooting Brake

Baujahr	1969-1975
Motor-Bauart	Vierzylinder (Boxer), Sechszylinder (Boxer)
Hubraum (cm³)	1679, 1795, 1971, 1991
Leistung (PS/U/min)	80 bei 4900 bis 110 bei 5800
Vmax in (km/h)	170 bis 1201
Bauart	Coupé (Dachteil entfernbar)

VW-Porsche 914 1.7, 1.8, 2.0, 914/6

Eigentlich eine bestechende Idee, den Klang des Namens Porsche, ein modernes Mittelmotorkonzept und preiswerte VW-Motorisierung miteinander zu kombinieren und so den Sportwagenmarkt im Sturm zu nehmen. Leider passte dies alles nicht wirklich gut zusammen: Die Karosserieform war Geschmackssache, aus dem VW-Porsche wurde schnell der bespöttelte „Vopo" und der kompromisslose Zweisitzer bot zwar hervorragende Fahreigenschaften, aber sehr wenig Nutzwert im Alltagseinsatz.

Selbst mit reiner Porsche-Mechanik versehen, nämlich dem 110 PS starken Sechszylinder aus dem 911 T, wurde der 914 als 914/6 ein Flopp. Fahrdynamisch und akustisch konnte er dem alten Elfer zwar mindestens Paroli bieten, aber die Belastung durch das wenig attraktive VW-Image sowie der stattliche Verkaufspreis machten aus ihm ein echtes Individualistenauto.

Wiesmann GT MF4

Seit 2003 ergänzte Wiesmann sein Angebot durch ein Coupé namens GT, das zwar kaum mehr Platz bietet, aber durch den höheren Grundkomfort eines geschlossenen Fahrzeugs einen neuen Kundenkreis ansprach. Ausgerüstet wurden die Coupés nur mit den V8-Motoren von BMW. Der GT MF4 verfügte über das gleiche 407 PS starke Twin-Turbo-Triebwerk wie der Roadster und fast dieselben Fahrleistungswerte, da das Mehrgewicht der Coupé-Karosserie aus Kunststoff durch einen neuen, erheblich leichteren Aluminiumrahmen kompensiert wurde. Gleiches galt für den 420 PS starken, besonders sportlich aufgemachten MF4-S mit ausfahrbarem Heckspoiler.

Baujahr	2003-2013
Motor-Bauart	V8
Hubraum (cm³)	3999, 4395, 4799
Leistung (PS/U/min)	367 bei 6200 bis 420 bei 8300
Vmax in (km/h)	280 bis 293
Bauart	Coupé

Wiesmann GT MF5

Baujahr	2007-2013
Motor-Bauart	V8, V10
Hubraum (cm³)	4395, 4999
Leistung (PS/U/min)	507 bei 7750 bis 555 bei 6250
Vmax in (km/h)	300 bis 311
Bauart	Coupé

Auch das Coupé ist durch den 4,4-Liter-TwinScroll Twin-Turbo-V8 des BMW M5 befeuert, das Spitzentriebwerk. Im aggressiven Sportlook gehalten machte die Optik des Wiesmann jedes der 555 vorhandenen PS absolut glaubwürdig. Die angegebenen Fahrleistungswerte mit einer Spitze von 311 km/h unterschieden sich nicht von denen des Roadsters obwohl das Coupé über eine günstigere Aerodynamik verfügen dürfte. Wiesmann zeigte mit seinen Fahrzeugen, dass man mit seriös gemachten, hochwertigen und optimal positionierten Produkten jeden Autoliebhaber begeistern kann.

Wiesmann Roadster MF3

Baujahr	2001-2008
Motor-Bauart	Sechszylinder (Reihe)
Hubraum (cm³)	3246
Leistung (PS/U/min)	343 bei 7900
Vmax in (km/h)	255
Bauart	Roadster

Die zunächst im Zubehörbereich tätige Firma Wiesmann aus Westfalen fertigte seit 1993 mit Bedacht und sehr nachhaltig eine grandiose Fahrmaschine, die mit attraktiver Roadster-Optik traditionellen Zuschnitts, Technikkomponenten von BMW und hochwertiger Handarbeit eine inzwischen nicht mehr ganz kleine Liebhaberschar um sich versammelt hat. In der Modellpalette bildete der seit 2001 produzierte MF3 die Basis. Er ist mit dem Reihensechszylinder des BMW M3 ausgestattet, der 343 PS leistet und den leichtgewichtigen Roadster mit Kunststoffkarosserie zu exzellenten Fahrleistungen treibt.

Baujahr	2009-2013
Motor-Bauart	V8
Hubraum (cm³)	3999, 4395
Leistung (PS/U/min)	407 bei 6400 bis 420 bei 8300
Vmax in (km/h)	290 bis 295
Bauart	Roadster

Wiesmann Roadster MF4

Nächste Ausbaustufe im Wiesmann-Programm war der MF4, der auf gleicher Grundlage mittels eines Vierliter-V8-Twin-Turbo-Motors von BMW leistungsmäßig noch einmal ordentlich draufsattelte: 407 bzw. in der S-Version 420 PS standen hier zu Buche, bei nur geringfügig erhöhtem Fahrzeuggewicht. Zum Glück war bei allen Wiesmann Roadstern ein exzellent auf die extremen Leistungen abgestimmtes Fahrwerk vorhanden, das es möglich machte, den gebotenen Fahrspaß optimal zu genießen.

Wiesmann Roadster MF5

Mit einer möglichen Höchstgeschwindigkeit von lt. Hersteller 311 km/h markierte der MF5 die Spitze der Wiesmann-Modellpalette und einen der weltweit schnellsten Roadster überhaupt. Der 4,4 Liter große TwinScroll Twin-Turbo-V8 von BMW – wie üblich als Front-Mittelmotor platziert – setzt kaum vorstellbare 555 PS frei, die den nur etwas über 1400 kg wiegenden Wiesmann MF5 zu einer wahrhaftigen Rakete auf vier Rädern machen. Ein deutscher Weltklasse-Sportwagen für Kenner und Könner.

Baujahr	2009-2013
Motor-Bauart	V8
Hubraum (cm^3)	4395
Leistung (PS/U/min)	555 bei 6250
Vmax in (km/h)	311
Bauart	Roadster

P ZERO